高职高专艺术设计专业规划教材・视觉传达

LAYOUT DESIGN

版式设计

张洁　兰岚　编著

中国建筑工业出版社

图书在版编目（CIP）数据

版式设计 / 张洁，兰岚编著. —北京：中国建筑工业出版社，2015.10
高职高专艺术设计专业规划教材·视觉传达
ISBN 978-7-112-18604-4

I. ①版… II. ①张…②兰… III. ①版式-设计-高等职业教育-教材 IV. ①TS881

中国版本图书馆CIP数据核字（2015）第250520号

本书选取平面设计中最具代表性的 4 种平面作品，分别介绍其对应版式设计规律，并讲解如何使用常用的平面设计软件完成制作环节。全书分为两大部分：第一部分概括地讲解版式设计的视觉要素和原则，第二部分分为 4 个项目，分别以海报、光盘包装、宣传册及书籍杂志作为实训项目，具体讲解运用平面软件进行版式设计及制作的方法，本书配有光盘，光盘中包含所有项目实训中的使用素材，方便广大师生读者使用。

本书是高职高专艺术设计专业规划教材·视觉传达专业教材之一，作者具有丰富的平面设计经验及多年高职高专艺术设计教学经验，可作为视觉传达专业相关课程教材，也可供平面设计从业者及爱好者参考使用。

责任编辑：李东禧　唐　旭　陈仁杰　吴　绫
责任校对：张　颖　刘梦然

高职高专艺术设计专业规划教材·视觉传达
版式设计
张洁　兰岚　编著
*
中国建筑工业出版社出版、发行（北京西郊百万庄）
各地新华书店、建筑书店经销
北京嘉泰利德公司制版
北京缤索印刷有限公司印刷
*
开本：787×1092毫米　1/16　印张：6½　字数：155千字
2016年2月第一版　2016年2月第一次印刷
定价：49.00元（含光盘）
ISBN 978-7-112-18604-4
(27768)

“高职高专艺术设计专业规划教材·视觉传达”
编委会

序

2013年国家启动部分高校转型为应用型大学的工作，2014年教育部在工作要点中明确要求研究制订指导意见，启动实施国家和省级试点。部分高校向应用型大学转型发展已成为当前和今后一段时期教育领域综合改革、推进教育体系现代化的重要任务。作为应用型教育最基层的众多高职、高专院校也会受此次转型的影响，将会迎来一段既充满机遇又充满挑战的全新发展时期。

面对众多研究型高校转型为应用型大学，高职、高专作为职业技术的代表院校为了能够更好地迎接挑战，必须努力提高自身的教学水平，特别要继续巩固和加强对学生操作技能的培养特色。但是，当前职业技术院校艺术设计教学中教材建设滞后、数量不足、种类不多、质量不高的问题逐渐显露出来。很多职业院校艺术类教材只是对本科教材的简化，而且均以理论为主，几乎没有相关案例教学的内容。这是一个很大的问题，与当前学科发展和宏观教育发展方向是有出入的。因此，编写一套能够符合时代发展需要，真正体现高职、高专艺术设计教学重动手能力培养、重技能训练，同时兼顾理论教学，深入浅出、方便实用的系列教材就成了当务之急。

本套教材的编写对于加快国内职业技术院校艺术类专业教材建设、提升各院校的教学水平有着重要的意义。一套高水平的高职、高专艺术类教材编写应该有别于普通本科院校教材。编写过程中应该重点突出实践部分，要有针对性，在实践中学习理论，避免过多的理论知识讲授。本套教材邀请了众多教学水平突出、实践经验丰富、专业实力雄厚的高职、高专从事艺术设计教学的一线教师参加编写。同时，还吸纳很多企业一线工作人员参加编写，这对增加教材的实用性和实效性将大有裨益。

本套教材在编写过程中力求将最新的观念和信息与传统知识相结合，增加全新案例的分析和经典案例的点评，从新时代的角度探讨了艺术设计及相关的概念、方法与理论。考虑到教学的实际需要，本套教材在知识结构的编排上力求做到循序渐进、由浅入深，通过大量的实际案例分析，使内容更加生动、易懂，具有深入浅出的特点。希望本套教材能够为相关专业的教师和学生提供帮助，同时也为从事此专业的从业人员提供一套较好的参考资料。

目前，国内高职、高专艺术类教材建设还处于起步阶段，还有大量的问题需要深入研究和探讨。由于时间紧迫和自身水平的限制，本套教材难免存在一些问题，希望广大同行和学生能够予以指正。

总主编　魏长增

2014年8月

前 言

2014年秋，我与其他几位老师接受编写高职高专艺术设计视觉传达专业教材的工作。在构思之初，自己对7年的教学经历进行反思，也总结自己在教材使用过程中的一些思考。这套教材定位于高职高专项目教学理论与实训结合，侧重于实训项目，经过与编辑、领导同事几次商议，确定了本书框架。在撰写过程中，自己不断思考如何以深入浅出的语言将版式设计理论知识与制作过程介绍给大家，经过不断筛选最终确定4个实训项目作为书中实例。又经过10个月的深思熟虑及多次推翻想法、调整删减文案，才构成今日呈现在您面前的这本书。

作为系列教材中的一本，本书对版式设计的视觉元素、设计原则及常见出版类型的版式设计方法进行介绍。版式设计作为平面设计的基础环节，直接影响信息传达效率和作品的视觉感受。平面设计之初，设计师选择设计语言和素材，接着融汇对主题的理解在有限的版面空间里对素材进行编排，通过修剪素材、平衡文字图像比重、排布位置关系、调整色彩方案，最终确定平面作品的版式方案。

本书共分为两个部分，第一部分是概述内容，着重介绍版式设计的概念、点线面等平面视觉元素及版式设计原则；第二部分选取4个典型平面作品类型，以实训项目形式分别介绍版式设计的方法和制作过程，其中穿插知识点和技能点作为相关知识的补充。

本书书稿的完成须感谢天津中德职业技术学院艺术系艺术设计教研室同事的支持与帮助，靳鹤琳主任多次指导书稿框架，王威老师、李晨老师在软件技术上给予大力帮助。特别感谢天津仁恒北洋置业有限公司市场营销部提供本书项目三实例，感谢马晓潼先生对本书素材收集的支持。同时感谢家人的支持和照料。

本书书稿完成后1个月，爱女如意诞生，女儿4个月时，本书付梓出版，这本书作为礼物送给她，愿她健康并智慧地成长。本书由张洁、兰岚二人合作完成。其中张洁编写字数约10万字，兰岚编写字数约5万字。本人深知，在版式设计领域自己资历尚浅，可以算作学生，本书还有很大空间有待修改完善。希望各位读者朋友及同行不吝指正。作者联系方式：designjie@163.com。

天津中德职业技术学院　艺术系　张洁

2015年8月

目　录

概　述

看到图 0–1 中两幅生活中常见的平面设计作品时，你有什么感觉？能不能从中理解设计师传达的信息？你一定能看出设计时运用了哪些设计语言（如文字、图像、色彩），这些设计语言的运用在排布上有哪些特点？

在左边的海报中，占据版面最大面积的是右上方巨大的年轮图像，这也是视觉的重点，年轮图像的选择暗示出设计师想表达时间的概念；而为了平衡版面重量，设计师在左下角放置文字，既点出海报的宣传主题，又以文字水平放置给观者以稳定感。

右边是一张单页宣传单，标题“跟我学汉语”字号与色彩突出，能直接吸引观者视线，同时传达宣传意图，这可能是为一个汉语培训机构所设计。设计师巧妙地拆解汉字的偏旁部首及笔画，拼接出后方两个说汉语的人物图案，图案斜对角放置，使画面有一定张力，而标题的横向占据中心位置，起到统筹平衡的作用。左上角放置的段落文字细化宣传单内容，左下角的位置是机构的名字和联系方式。文字的色彩与图像区分明显，有前后层次感。

通过对日常生活中平面设计的观察可以发现，除去选择设计语言（设计元素，如图像、文字等）表达设计者意图外，设计语言的页面布局往往首先吸引观者视线并直接影响表达效果。这就是版式设计的重要作用。

图 0–1　生活中常见平面设计作品

1）版式设计的概念及应用领域

所谓版式设计，就是在有限的版面上，将文字字体、图形图片和颜色色块等视觉元素进行有机的排列组合的视觉传达过程。“版式设计”一词译自英文“Layout Design”，这个概念既有在平面内进行布局的含义，又有对三维空间、展示内容进行布置安排的含义，既传达了信息，同时也给观者带来视觉上的美感。这里我们说的版式设计一般指为报纸、杂志、书籍、画册、产品样本、招贴宣传画、唱片封套包装和网页页面等平面传媒形式进行布局设计。

2）版式设计基本视觉要素

版式设计是设计师对设计语言进行合理的布局过程，而这里的设计语言是指在平面设计中用到的字体、图形图像、色彩、构图方式、注释等。从几何学意义上，视觉空间的基本元素是点、线、面。不管版面的内容与形式如何复杂，设计师选用何种文字图像表达信息，最终都可以简化到点、线、面的设计上来。在版式设计师眼中，一个字母、一个页码数可以理解为一个点；一行文字、一行空白，均可理解为一条线；数行文字与一幅图片，可理解为面。于是，版式设计可以视为设计师在平面空间内合理安排点、线、面的工作。

图 0-2 版面中的“点”元素 1

（1）点在版面上的构成

点的感觉是相对的，它是由形状、方向、大小、位置等形式构成的。这种聚散的排列与组合，带给人们不同的心理感应。点可以成为画龙点睛之“点”，和其他视觉设计要素相比，形成画面的中心，也可以和其他形态组合，起着平衡画面轻重，填补一定的空间，点缀和活跃画面气氛的作用；还可以组合起来，成为一种肌理或其他要素，衬托画面主体。

图 0-2 是美食杂志的 1 张内页设计，3 只勺子中的美食可视为版面上的“点”元素。3 个点分别对应 3 个食谱，放大的点首先吸引读者目光，同时对版面起到提领和分割的作用，看似随意的放置又活跃了版面。

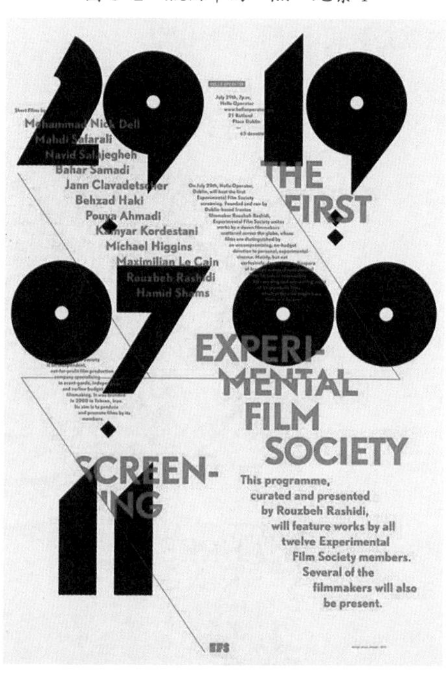

图 0-3 版面中的“点”元素 2

图 0-3 中的“点”元素是放大的页码，这里用黑色区分文字的绿色，“点”元素起着引导、强调、活泼版面构成的作用，也是视觉的焦点。同时，“点”的排布遵循线的引导，使版面均衡有规律。

在图 0-4 中，不同人的观点被作成段落文字，以矩形框的形式散落放置在版面上，类似聊天软件中的对话框，看起来亲切又有趣。红色背景放上黑色大标题，设计师反向运用“点”——把正文归结为“点”，设计出其不意。

（2）线在版面上的构成

线是点的发展和延伸。线的应用在版式设计中可以很多样。文字构成的线，往往成为标题，占据着画面的主要位置；线也可以构成各种装饰要素，以及各种形态的外轮廓，它们起着界定、分割画面各种形象的作用。作为设计要素，线在设计中的影响力大于点，视觉上占有更大的空间，它们的延伸带来了一种动势。线可以串联各种视觉要素，可以分割画面和图像文字，可以使画面充满动感，也可以在最大程度上稳定画面。

图 0–5 是报纸版面的一页，整体版式是竖直型的，中间竖立的灭火器是版面“线”元素的体现。版面上黄色的引导线指明数据与文章中信息的关联。

图 0–6 是一本杂志的目录对页，设计师用图片从左上到右下拼接成斜线，杂志不同分类的标题放置在线的两侧，增强文章间的关联。“线”的设计使版面气氛活跃，杂志内容被很好地分类，便于读者寻找。

图 0–7 是一张杂志的内页，是典型的用“线”元素分割版面的应用。在这个版面中，左下角大片面积被用线连成的树形图占据，水平和竖直的线构成鸟类进化的图谱，配以浓重的黑色标题、人物照片直接表明了版面内容。右上部的大段文字以分栏形式排布，分栏是最常用的长文章排布方式，栏间的短线既起到分割的作用，又能表明信息的阅读方向，使各块面积间具有连续性。

（3）面在版面上的构成

面在版面空间里占有的面积最多，因而在视觉上要比点、线来得强烈、实在，具有鲜明的特征，也是三种元素中最容易被识别的。在现实的版式设计中，面的表现包括面的色彩、肌理等形式，同时面的形状和边缘对面的表现也有着很大的影响，除了熟悉的基本几何形态，根据设计内容而变化的自由形态也在现代版式设计作品中常见。在 3 个基本视觉要素中，面的视觉影响力最大，它们在画面上往往是举足轻重的。

图 0–4 版面中的“点”元素 3

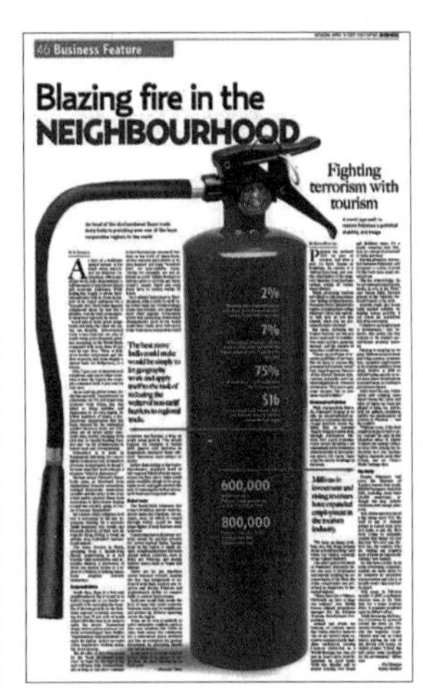

图 0–5 版面中的“线”元素 1

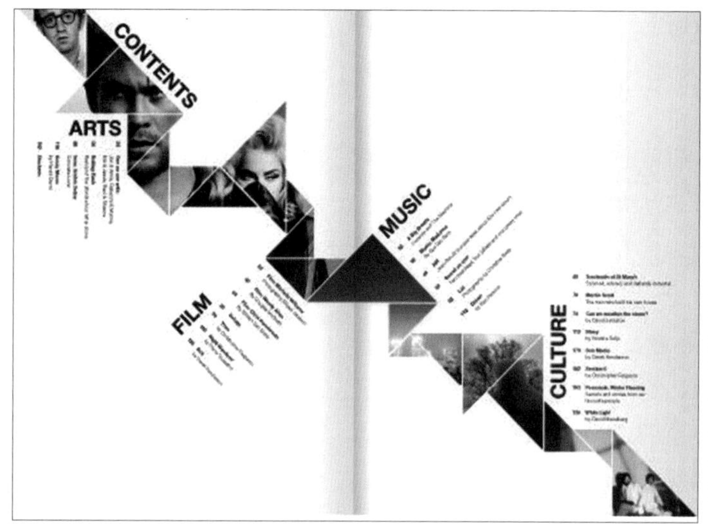

图 0-6 版面中的“线”元素 2

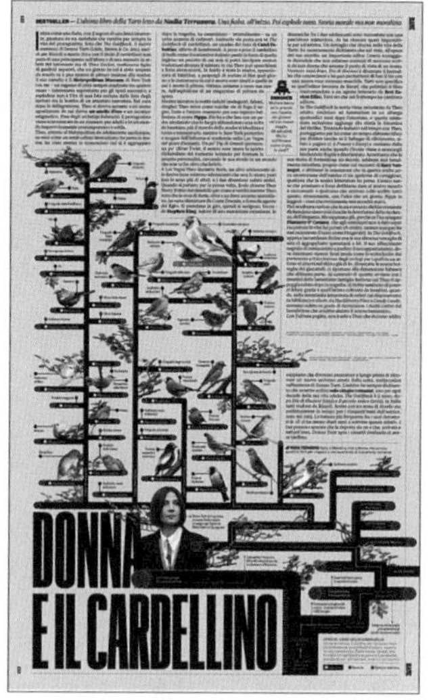

图 0-7 版面中的“线”元素 3

在图 0–8 中，设计师选用文字这一设计语言配以重复的图形元素，通过排布段落文字及图形元素来构成版面中的“面”，3 个“面”分别表达不同内容：聚会名称、聚会信息、人群（平衡画面）。这里的“面”可以视为自由形态的“面”，在海报、宣传页等设计中常用，其表达不受限制，较为自由。

在图 0–9 这页杂志内页中，人物形象的图片相比其他元素占据空间最大，也最吸引读者视线，放置在画面底部，起到稳定画面的作用。上部文字段落以斜线切分版面，形成三角形“面”，倒置的三角形有不稳定感，吸引视线到人物图片中，与图片相呼应。

此外，现代版式设计中，常出现的整版图片的版式形式也属于“面”元素的应用。为避免图片单调乏味，有时在图片上方叠加半透明的文本框放置文字内容，形成前后层次，也具有虚实对比的效果。

版式设计中，点、线、面相互依存，相互作用，组合出各种各样的平面形态，构建成千变万化的版面。

3）版式设计的原则

无论版式设计如何千变万化，有一些基本原则是设计师必须遵守的。

（1）主次分明

任何一个平面版式的排布都要首先遵守主次分明原则。设计师在设计之初就要明确平面作品要传达的设计思想，在进行元素选择和版式排布时，都要围绕一个视觉中心来进行。在版面中，视觉中心不只是占据主体位置，还要其他设计语言与之配合，并突出这个主体。同时，观者对内容的关注永远大于形式，因此无论是字体还是图像选择都要以明确主题为主要目的，不要单纯追求形式而忽略传达的信息（图 0–10）。

（2）遵循审美法则

现代版式设计往往突破固有的版面分割法则，设计师在排布视觉元素时突破常规，按照个人审美进行设计，看似无章可循。但无论设计风格如何变化，人类基本的审美法则依然是

图 0-8 版面中的“面”元素 1

图 0-9 版面中的“面”元素 2

图 0-10 版面要主次分明

不变的设计准则。节奏与韵律、对比与统一、秩序与变异、虚实与留白等审美法则同样适用于版式设计。设计师应娴熟运用审美法则，合理安排视觉元素，在规律中寻求创新（图 0–11）。

（3）符合媒介形式

不同平面媒体因对象不同，版面尺寸不同，风格不同，版式设计的程序略有区别。设计师在进行设计之前要先了解设计对象的特点，再有针对性地寻找设计素材。设计元素要符合平面媒体的性质、定位及特定要求。

另外，随着时代发展，除去报纸、杂志、书籍等传统的传媒形式，现代传媒形式呈现出多样、立体化发展趋势，各种新型媒介不断出现，光盘、网页、手机界面等载体的版面要求多界面、动态的版面设计风格。设计师不仅要掌握传统的设计手段，还要不断学习适用于新媒体的设计软件。同时设计语言应适应时代发展，不断充实丰富（图 0–12）。

图 0–11 遵循审美法则 创新版式排布

图 0–12 版式设计要符合传媒形式

4）版式设计基本流程

（1）设计元素累积

设计开始前是进行设计素材收集的阶段。在这个阶段，设计者围绕设计主题充分展开想象。比较常用的创意方法有头脑风暴法，即很多人坐在一起，围绕一个主题进行发散思考，凡是想到的相关物品、形象都可以罗列下来，也可以在他人想法基础上再进行联想。一段时间过后，将这些想法逐步筛选，选择出最能贴合设计主题且易于表现设计主题的形象或物品来作为设计的主角。这种方法不仅应用于平面设计中，也广泛用于很多领域中，是一种有效的短时间内积累构思的创意方法。照片、影像、文字、故事等都可以作为设计的初始素材。

（2）元素初步探究

而若已经有设计素材，则直接可以执行一个通用的版式设计技巧：即把所有需要用到的元素都堆放到版面中，不用考虑最终的设计稿是什么样子，而是简单地堆积设计元素。版式设计就是将这些元素以舒服的视觉方式进行组合，从而使得观者能清楚理解设计者意图。

将这些设计元素都堆积在版面上之后，可以开始进行移动，尝试着不同的位置放置不同内容。当你移动这些元素时，没准会遇到心仪的版式方案，这可能就是可行的方案了。这样能保证在头脑中流动着元素的位置影像，而不是面对一张空白版面发愁。

（3）确定版式方案

在刚刚经历的元素排布中，可能有一到两个方案是设计者比较喜欢的，但个人的喜好并不是那么重要，重要的是这个方案需最能展现设计主题，也就是观者一看到这个方案，就能明白设计者所表达的含义是什么。

从众多不同排布中选择出合适的方案，也许需要征求其他设计者或观者的建议。

（4）处理设计素材

版式方案确定后，需要进一步确定版面中视觉重点是文字还是图片，若为文字，则标题、字体、字号、排布位置要醒目，占大面积篇幅；若为图片，则需要对所用素材进行先期处理，并保证图片为视觉中心。设计者需要考虑观者的视觉流程、基本的平面构成规律等，来处理这些设计素材的相互关系，如文字和图片大小、位置、轻重、粗细关系等。

不要忘记，在这个阶段，需要不断调整版面，创造符合设计主题的版面格调，并且不断地尝试、修改。

（5）软件制作版式

选择设计者最擅长的软件进行细致的制作，这也是版式设计的最后一个阶段。在这个阶段，除了要用平面软件处理设计元素外，还要考虑当文档较大时可以切分成几个不同文档，最终再组合起来提交，这需要用到专业的排版软件。当然，任何制作好的文件都需要转换格式，再根据后面印刷环节的要求进行提交。

以上就是版式设计的一般流程，针对具体的设计要求和主题，流程上可能会有一些差别，但总体的流程是不会有太大出入的。

项目一　海报版式设计与制作

项目任务

本项目通过对海报版式设计方法的讲述使学生掌握海报版式设计的基础知识：了解海报的功能和分类、海报版式设计中的视觉要素、海报中的标题字体设计及标题与图片的组合规则；并通过一份海报制作使学生掌握海报设计构思方法、使用 Illustrator 软件制作版式的方法。学生需要完成课上实训项目和课后练习。

重点与难点

海报的版式设计视觉要素、标题字体设计、标题与图片的组合、运用 Illustrator 软件进行海报版式设计与制作。

建议学时

8 学时（4 学时讲解基础知识，4 学时实训练习）。

1.1　海报版式设计介绍

1.1.1　海报的功能与分类

海报是极为常见的一种招贴形式，通常指单张纸形式、可张贴的广告印刷品。海报是最古老的商业大众传播形式之一，非商业组织及公共机构也可以用此宣传方式。其特点是：传播信息及时，成本费用低，制作简便。

海报可分为公共海报和商业海报两大类。商业海报用于宣传商品信息，例如商品广告、企业介绍、促销信息等；公益海报多用于电影、戏剧、比赛、文艺演出等活动的宣传，通常要写清楚活动的性质，活动的主办单位、时间、地点等内容。海报的语言要求简明扼要，形式要做到新颖美观。

1.1.2　海报的版式视觉要素

曾有人提过，设计一张平面作品基本有三个主要目标：①吸引别人注意；②创造令人难忘的视觉印象；③传达一种信息。而在海报设计中，最为重要的是吸引人注意和传达信息。海报通过张贴的形式，让人们通过短暂浏览获取信息，正因为这一特性，在一幅海报中，最重要的设计原则是引人注目及快速、准确传达信息。因此，版式设计的一切形式都要为信息传达服务，海报的版式要素要紧密围绕海报的主题，通过形式和色彩的运用突出重点信息，其他信息不要过多，要让观者在一瞥中记住主要信息。

成功的海报没有过多的图片和文字，因为复杂的设计会引起视觉上的混乱，而这种远距离张贴的宣传形式也不允许观者细细品读。海报标题的位置及字体往往能展现设计主题，设计师常用图形图像配合标题共同传达信息。下面就分别从标题排版及字体和标题与图片组合两个方面讲解海报的视觉要素。

1.1.2.1　标题的排版与字体设计

1）标题的排版

在海报版式设计中，标题被认为是一个词组或者一句简短的话，它的呈现形式是文字。

文字放置在整张版面中直接点明设计主题，因此尤为重要。图 1–1 模拟一个标题在空间中的不同排版效果所带来的视觉感受。

如图 1–1 所示，图中 ABCD 分别为标题在版面中四种不同位置：图 A 中，标题在页面正中偏上位置，是常规版式设计中用到的放置标题位置，在较为严肃的海报设计中（如发布政府信息等）常见。这样的排版给人一种平衡的心理感觉，适合传达信息内容中规中矩或较为严肃认真的情况使用；图 B 中，标题贴近页面顶端，产生不稳定感，且较为吸引观者视线，这种情况下，版面必须依靠其他视觉元素进行补充才能达到视觉上的平衡；图 C 中，标题在页面正中底部，一般来说，其上方有其他视觉上重点元素存在，标题起到归纳总结的作用；图 D，是一种较为现代的排版方法，一般在标题为较短时使用，上下需要有其他元素补充，或标题单独占据版面成为一页。

在图 1–2 中，图 E 为标题充分放大字号，使其水平宽度与页面宽度相近，起到视觉上的张力作用，突出主题；图 F 则相反，标题缩小字号到视觉能接受的最小，处于页面正中位置，若周围无其他元素，这样的缩小标题反而会吸引观者靠近，从而更加关注此处信息。在海报设计中，若采用这种排版形式，须注意页面大小及观看距离和标题字号的关系，过小的字号不适合应用于海报，因为海报是供张贴阅读的；图 G 中，标题靠近页面边缘，这也是现代版式设计的一种不平衡设计法，这样的放置能使观者视线伸出页面，产生张力；图 H，标题改变一贯的放置方向，常用在竖式排版中，但若下面配合横向图片，也会起到突出主题的对比效果。

在图 1–3 中，图 I 是标题任意角度倾斜放置的排布方法，这种排布方式使版面较为活泼，且标题形成无形的分割线，将上下内容区分开；图 J、K 中的标题呈圆弧状且向一侧弯曲，一般与周围元素形状相配合，打破文字与页面平行的传统，可用在儿童类海报设计中；图 L 中标题形式为曲线，除起到分割作用，也活跃了版面形式，但注意与周围元素配合好，避免出现形状上的冲突。

大家在设计标题位置时，可参考以上的排版方式，也可彻底打破传统，分割、组合标题中的文字，创新视觉效果。

2）标题字体选择

在版式设计中，除了标题放置位置需要精心安排外，不可避免地要遇到标题文字的选择与设计问题（有些教材称为字形设计），下面我们来简要探讨下海报标题字体的设计。

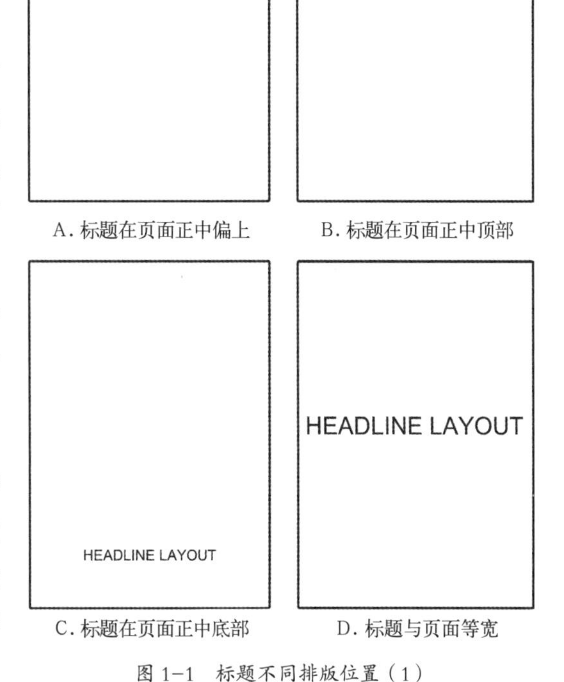

A. 标题在页面正中偏上　B. 标题在页面正中顶部　C. 标题在页面正中底部　D. 标题与页面等宽

图 1–1　标题不同排版位置（1）

E. 标题充分放大放置页面正中 F. 标题充分缩小放置页面正中 I. 标题随意角度放置 J. 标题排布成向上弧形

G. 标题靠近页面边缘放置 H. 标题改变方向放置 K. 标题排布成向下弧形 L. 标题排列成任意曲线

图 1–2 标题不同排版位置（2） 图 1–3 标题不同排版位置（3）

我们将字体设计简单分为中文和西文两部分。

中文字体较为常用的有宋体和黑体。这两种字体在现代印刷中可以视作各种字体的代表。

宋体是一种标准的衬线字体（衬线是指文字末端的装饰，是模仿古代雕刻活字时刻刀的痕迹。有衬线的字体，笔画粗细有别）。宋体字以中国传统毛笔字为基础，毛笔柔软而有弹性，能随意地弯曲扭动，潇洒自如地表现出笔画粗细、大小、曲直，刚柔的线条变化。宋体字字形方正，笔画横平竖直，横细竖粗，棱角分明，结构严谨，整齐均匀，有极强的规律性，从而使人在阅读时有一种舒适醒目的感觉，即使文字很小，也很容易辨认，因此是文档报告类的首选字体，在现代印刷中主要用于书刊或报纸的正文部分。不过同样因为笔画太细，宋体做标题时冲击力不足，即使加粗之后还是显得有些无力，而且距离太远时，一些很细的笔画就会看不清楚，海报设计中可使用比宋体更饱满的粗宋体作标题。

粗宋也是一种衬线字体，看上去像是宋体直接加粗，不过在落笔处变得更圆滑一些。粗宋字体的“横划”加粗很少，其他笔画加粗都非常明显，这让粗宋看上去非常饱满，既保持了宋体的严肃感，又变得很醒目，因此适合作海报标题，但若显示大段文字时则显得压抑（图 1–4）。

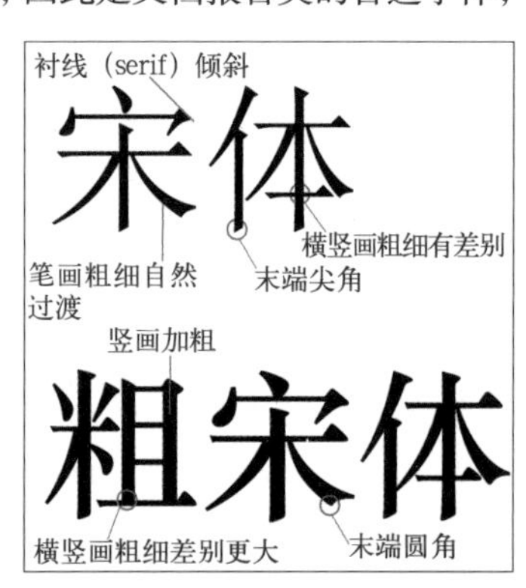

图 1–4 宋体与粗宋体字形特点

黑体是最早的无衬线中文字体，即各个笔画基本等粗，看起来冷静、沉着，字重稍大，比较醒目、更有棱角感和力量感。笔画起笔和落笔处稍有粗细变化，看起来精致和秀丽。黑体的使用范围很广泛，做标题和正文皆可，但打印效果没有宋体看起来那么舒服。

微软雅黑是美国微软公司委托中国北大方正电子有限公司设计的一款全面支持 ClearType 技术的字体，是一种典型的无衬线字体，它的字形稍扁，具有典雅的气质，加上笔画不粗，又通过技术基本消除了锯齿感，能保证在较小字号下的清晰度，所以在成段显示文字时视觉上会非常舒服。加之其与英文字体搭配和谐，应用场合也较多。微软雅黑在距离较远时也能看得非常清楚，所以非常适合用在海报正文中，但加粗之后字形平实，冲击力不足（图 1-5）。

无衬线　转折为直角
黑体
末端稍有加粗变化　末端为直角　笔画相同粗细
无衬线　转折为直角
微软雅黑
笔画粗细相同　末端为直角

图 1-5　黑体字与微软雅黑字形特点

和宋体相比，微软雅黑的字形不是正方形的，而是稍微的扁宽，字间距很小，这样的处理使得默认的行间距更为明晰；同时雅黑的字心显得更为饱满，在同样的字号下，雅黑的单字面积就显得更大，更容易识别，阅读起来也更舒服。因此，相比较宋体而言更适合作为标题字体，也更加醒目（图 1-6）。

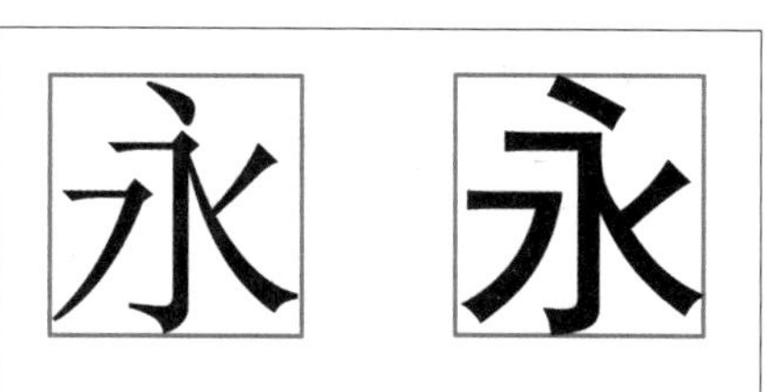

图 1-6　宋体与黑体字形对比

英文字体发展较为成熟，种类众多，大体可以分为有衬线（serif）和无衬线（san serif）两类。有衬线的字体具有一种古典风格，无衬线字体线宽基本相同，字形简洁明快，清新活泼，可以视为现代风格。

除了衬线字体外，还有复古的哥特体、罗马体等英文字体，更像是手写出来的字形，使版面设计显得更加自由。图 1-7 是几种字体的对比。

衬线字体（Serif）
Times New Roman
Century　TROJAN
无衬线字体（San Serif）
Arial　NewsGoth
Square
手写体
AR Decode　AR blanca
Brush Script

图 1-7　英文有衬线字体与无衬线字体、手写体字形对比（字体名称与字形）

从几种英文字体字形对比可以看出，有衬线字体较为优雅柔和，适合叙事性海报标题；无衬线字体醒目易读，有权威性，适合警告类海报标题；相对而言，手写体有复古情怀，易读性稍差，适合配合复古风格图片小面积使用。

几点标题字体选择的注意事项：

（1）由于海报具有快速获取信息的功能，在海报设计中，标题常用醒目的字体来设计，往往选用无衬线字体，比如常用的英文黑体（Arial）。因为海报的观赏距离大概在 40~60 厘米

Headline Layout

Arial（黑体）字体

Headline Layout

Edwardian Script ITC 字体

Headline Layout

Eras Demi ITC 字体

Headline Layout

Century Gothic 字体

HEADLINE LAYOUT

Goudy stout字体

图 1-8　不同字体风格不同

图 1-9　适当选用标题字体，纵向拉伸的字形，带来垂直的视觉效果，更加醒目地向观者提问

中文衬线字体	24点
Century Regular	24点
中文无衬线字体	24点
Arial Regular	24点

图 1-10　中英文有无衬线字体配合

左右，因此黑体字作标题较为醒目，起到有效的信息传达作用。而一些手写体，因为笔画复杂，装饰性强，适合用在设计感较强、传递功能较弱的情况下。大家在进行字体选择时，要牢记海报的信息传达功能，切不可因为追求形式上的美感而忽视海报的真正作用（图 1-8、图 1-9）。

（2）当海报标题中同时使用中文字体和英文字体时，因中文字体整体呈方形，占据面积相对较大，为使两种字体在视觉上平衡，往往英文字号要比中文字号稍大一号。同时，一般来说，从视觉效果角度，中文衬线体配西文衬线体，中文非衬线体配西文非衬线体会显得更加协调（图 1-10）。

（3）无论是中文还是英文字体，字体笔画粗细都能形成强弱对比的效果。在同一版式中，可利用字体的粗细变化区分重点，如图 1-11 所示，标题与正文共同应用了英文 Arial 字体，但标题加粗，凸显出重要性。在同一段文字中，各个词汇字体字号相同，但若其中某个词汇加粗显示，也会吸引视线，增加存在感。

（4）海报设计中，标题、段落正文中的文字尽量采用相同或者相近的字体，仅区分字号不同、粗细不同、颜色不同、排布方向即可，切不可使用超过三种以上字体，显得版面过于复杂而使观者忽视海报传达的重要信息（图 1-12）。

（5）海报版面中若文字较多，可以考虑使用段落文字或者使文字排列成规矩的形状，一般来说，越接近矩形形状，版面就越显得整齐划一，不会影响其他视觉元素效果。当然也要视海报风格和主题而定，对于渲染气氛为主的海报，适当活跃的版式风格也是一种选择（图 1-13）。

（6）若设计师不想用软件中常规字体进行标题设计，需要自创字体或进行标准字体变形设计。一个醒目的标题，除了通过字符简短来吸引观者，还可以通过变换视觉效果让观者注目。但请注意版面中新奇的字体不要样式过多，也不要占用篇幅过大，这样会加重观者视觉负担，产生厌烦感，且易与周围视觉元素发生冲突，只需要小面积使用即可（图 1-14）。

The Power of Arial Bold

Arial is a kind of commonly used type in text.
Here shows contrast of Regular and **Bold** type..
Arial is a kind of commonly used type in text.
Here shows **contrast** of Regular and Bold type..
Arial is a kind of commonly used type in text.
Here shows contrast of Regular and Bold type..
Arial is a kind of commonly used type in text.
Here shows contrast of Regular and Bold type..

Different Types used in ONE Paragraph

Arial is a kind of commonly used type in text.
Here shows contrast of Regular and **Bold** type..
Arial is a kind of commonly used type in text.
Here shows **contrast** of Regular and Bold type..
Arial is a kind of commonly used type in text.
Here shows contrast of Regular and Bold type..
Arial is a kind of commonly used type in text.
Here shows contrast of Regular and Bold type..

图 1-11　标题字体加粗，字号加大；正文中某处字体加粗，增加存在感

图 1-12　同一处字体字形过多显得杂乱，丧失信息有效传达的功能

图 1-13　文字部分尽量呈矩形段落排布，使得版面整齐划一

图 1-14　小面积使用自创字体，否则显得杂乱，识别性差，影响信息传达功能

1.1.2.2　标题与图片（或段落文字、图形）的组合

海报版式中，视觉元素除了标题外，还有图片和段落文字。从空间形态的角度，我们可以将段落文字（有时是海报的一段广告语或与主题相关的信息）视为规整的图形，段落文字更倾向于呈现矩形形状而区别于短标题的线性形状。

在海报版式中，视觉元素排布可以通过改变不同元素的大小、角度和方向来形成对比与协调统一，还可以通过为整个版面留白来控制信息的排布。这里我们探讨下标题与图片的多种组合方式及带来的视觉效果。

1）标题与图片若大小不等，可以得到较好的对比视觉效果。标题所占面积大于图片，则标题更加醒目，使观者一目了然；标题面积小于图片，则图片是视觉重点。与图片排版类似，标题与段落文字（一般是正文）排版也是相同道理（图 1-15~ 图 1-20）。

青春的我

青春的我走向世界，不管河有多宽，山有多高，艰难万险，笑意中就从脚下迈过，给父母留下一串牵挂，走过青春的季节，秋色丰富了心灵，白雪围了一家，生活又走进了另一个世界，童年的身影好像还在眼前晃动，可再也找不到了自己，少年的脚步声还在耳边回荡，笑意中只感到如梦一场。

图 1–15　标题与图片及段落文字，显然这样的排布方式，标题是版面重点，图片作为插图占小面积版面

青春的我

青春的我走向世界，不管河有多宽，山有多高，艰难万险，笑意中就从脚下迈过，给父母留下一串牵挂，走过青春的季节，秋色丰富了心灵，白雪围了一家，生活又走进了另一个世界，童年的身影好像还在眼前晃动，可再也找不到了自己，少年的脚步声还在耳边回荡，笑意中只感到如梦一场。

图 1–16　标题与图片及段落文字，变化标题方向，水平构图，图片作为插图占小面积版面，添加辅助元素

青春的我

青春的我走向世界，不管河有多宽，山有多高，艰难万险，笑意中就从脚下迈过，给父母留下一串牵挂，走过青春的季节，秋色丰富了心灵，白雪围了一家，生活又

似花盛放

走进了另一个世界，童年的身影好像还在眼前晃动，可再也找不到了自己，少年的脚步声还在耳边回荡，笑意中只感到如梦一场。

图 1–17　标题与图片及段落文字，段落文字分栏放置，突出了各栏标题

青春的我

青春的我走向世界，不管河有多宽，山有多高，艰难万险，笑意中就从脚下迈过，给父母留下一串牵挂，走过青春的季节，秋色丰富了心灵，白雪围了一家，生活又走进了另一个世界，童年的身影好像还在眼前晃动，可再也找不到了自己，少年的脚步声还在耳边回荡，笑意中只感到如梦一场。

图 1-18　标题与图片及段落文字，图文比重相当，标题放置于上方正中，突出标题

青春的我

青春的我走向世界，不管河有多宽，山有多高，艰难万险，笑意中就从脚下迈过，给父母留下一串牵挂，走过青春的季节，秋色丰富了心灵，白雪围了一家，生活又走进了另一个世界，童年的身影好像还在眼前晃动，可再也找不到了自己，少年的脚步声还在耳边回荡，笑意中只感到如梦一场。

图 1-19　标题与图片及段落文字，图片占据主导地位，横式构图

青春的我

青春的我走向世界，不管河有多宽，山有多高，艰难万险，笑意中就从脚下迈过，给父母留下一串牵挂，走过青春的季节，秋色丰富了心灵，白雪围了一家，生活又走进了另一个世界，童年的身影好像还在眼前晃动，可再也找不到了自己，少年的脚步声还在耳边回荡，笑意中只感到如梦一场。

图 1-20　标题与图片及段落文字，图片占据主导地位，并剪裁图片内容，文字被削弱，竖式构图

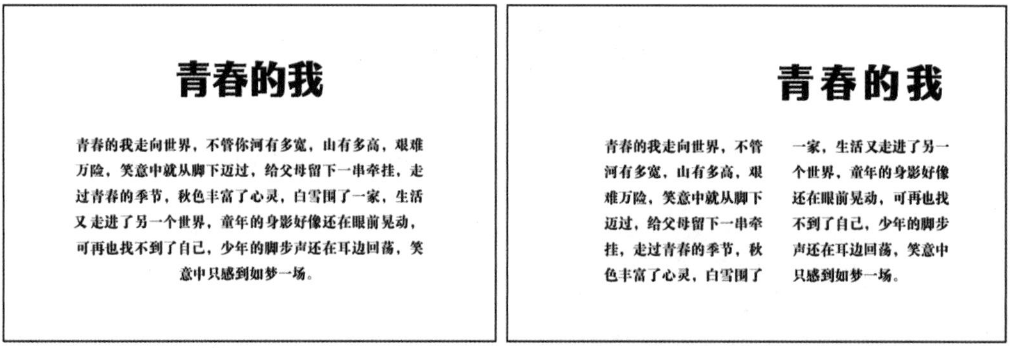

青春的我
青春的我走向世界，不管你河有多宽，山有多高，艰难万险，笑意中就从脚下迈过，给父母留下一串牵挂，走过青春的季节，秋色丰富了心灵，白雪围了一家，生活又走进了另一个世界，童年的身影好像还在眼前晃动，可再也找不到了自己，少年的脚步声还在耳边回荡，笑意中只感到如梦一场。
青春的我
青春的我走向世界，不管河有多宽，山有多高，艰难万险，笑意中就从脚下迈过，给父母留下一串牵挂，走过青春的季节，秋色丰富了心灵，白雪围了一家，生活又走进了另一个世界，童年的身影好像还在眼前晃动，可再也找不到了自己，少年的脚步声还在耳边回荡，笑意中只感到如梦一场。

图 1-21 A. 标题与正文对称排布（居中对齐的段落文字，注意在合适的地方换行——一般是连贯的概念和完整的语句之后，除方便读者理解文本，同时还能为文本创造出有意义的形状）B. 标题与正文不对称排布，对于长段落文字，可以分栏放置

2）标题与图片对称与否也是版式设计中需要考虑的布局方法。这往往取决于图片或段落文字的内容多少或重要性，是设计师的设计意图所在（图 1–21）。

青春的我 如花盛开

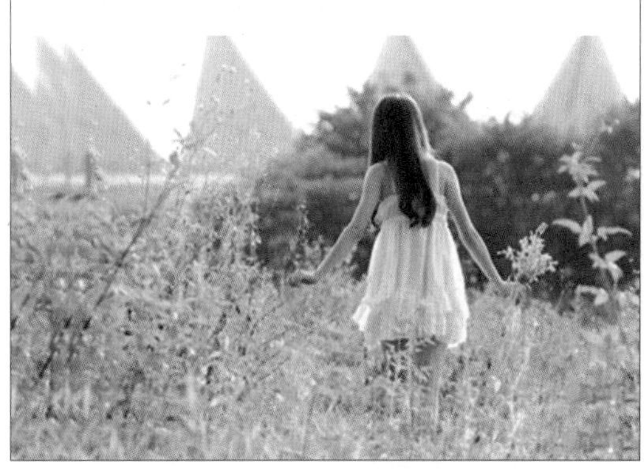

图 1-22 标题与图片，将图片作为背景，标题放置在正中位置，十分醒目

3）图片作为文字背景。一般来说，图片可视为版面中的“面”元素，因此在视觉上有扩张的印象。若设计师希望强调图片中内容，可以将图片作为整幅版面背景，文字放置于图片上方。用作背景的图片可以采用出血方式。出血也是一种常用的版式设计方法，即图片内容超出版面边缘，形成视觉扩张效果。有时，往往是选择的图片素材决定了版式最终的视觉效果（图 1–22、图 1–23）。

青春的我
青春的我走向世界，不管河有多宽，山有多高，艰难万险，笑意中就从脚下迈过，给父母留下一串牵挂，走过青春的季节，秋色丰富了心灵，白雪围了一家，生活又走进了另一个世界，童年的身影好像还在眼前晃动，可再也找不到了自己，少年的脚步声还在耳边回荡，笑意中只感到如梦一场。

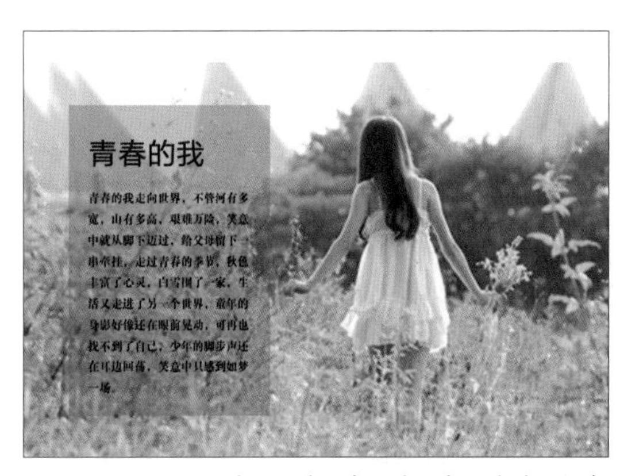

图 1-23 标题与图片及段落文字，将文字归总到一个填色的方框中，用图片作为背景，注意根据图片内容走势放置文字部分内容

4）文字与多幅图片的排放。对于一张海报内有多幅图片的情况，需视设计师意图考虑多幅图片间的相互关系，若无主次之分，可平行分布放置；若有主次之分，可以将重点内容放大突出。现代版式设计方法研究人的视觉和心理规律，常用不稳定的版式排布造成动感趋势，从而起到吸引人的视线、传达信息的作用。在面对具体设计主题和内容时，也可以考虑不稳定设计法（图 1–24~ 图 1–27）。

图 1-24 文字与图片尺寸统一，对称放置。版面规矩但生硬，适合较为严肃内容

图 1-25 调整图片与文字尺寸，突出强调重点内容，强弱对比带来视觉效果变化

图 1-26 对图片与文字尺寸进行调整，尺寸差异越大越可靠近放置，带来视觉上对比效果

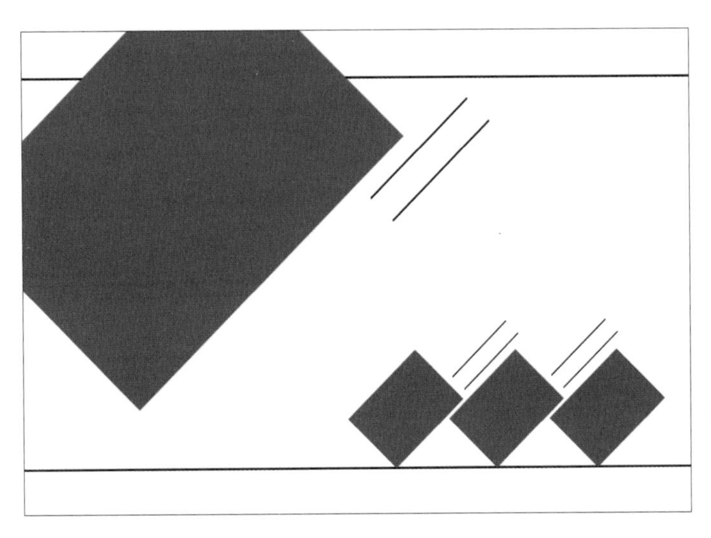

图 1-27 文字与图片倾斜放置，带来不稳定感，版式越活跃越引人注目，注意版面适度留白，本例中的左上图片采用的是出血放置方法

进行海报的版式设计，必须合理安排标题、图片与正文（或段落文字）的排布方法，注意各元素本身的设计及相互之间的匹配，形成传达设计师心意的版面。

1.2 海报版式设计分析与赏析

下面通过分析两幅海报的版式设计，加深对海报版式设计元素排布规律的认识。这里主要解析标题文字的排版及文字与图片的排版规律在实例中的应用。

实例 1：海报标题突出设计者诉求

这幅海报的主题是主人寻找宠物，因此在明显的位置上用标题文字点明主题。标题字号与正文字号差别较大，并以问句突出海报的诉求。标题采用非常规字体，一种类似于手写体的形式，与下面正文规矩的字体形成对比，似乎是宠物主人手写上去的，字母高低起伏，突显主人紧张急切的心情。标题下方的正文对宠物的具体描述，言情恳切，并附有必要联系信息。

在标题的上方，设计者放置了走失宠物的照片，照片较为明显，图中宠物的眼睛是整张图片的视觉重点，能吸引过路行人的注意。

在海报设计中，吸引眼球是一个重要的设计原则，因为海报这种张贴形式决定了观者不可能长时间品味观看海报，而只有在匆匆路过时注意到海报中的信息。有效信息的传达是另一个设计原则。

图 1–28　主题为寻找宠物的海报

在这幅海报中，所有内容（图片、标题、正文）都是居中放置的，一方面版式较为整齐清晰，没有其他冗余信息；另一方面，这种居中放置的方式让观者阅读正文时集中注意力，也能体会到主人的急切心情。

这幅海报属于版式设计较为简单的例子（图 1–28）。

实例 2：文字与图片的不同排布关系决定版面设计风格

在海报中，标题是文字的一部分，往往与正文一起具有一定的逻辑性和条理性；而图片则属于视觉要素，往往需要其通过抽象或具象的图形图案，甚至照片传达隐含的不易表达的信息。因此，海报设计中要合理安排逻辑与非逻辑内容，充分运用不同语言表达设计者意图，不同元素的排布使得版式设计风格迥异。

在图 1–29 两幅版式中，设计元素完全相同，所不同的是，文字与图片之间的相对尺寸和位置。左图是常见的网格设计法排布出的图文穿插版式，给人感觉版面规矩、严肃；而右图中图片将原本图片素材的背景去掉，通过用食物容器形状来构成版面的分割；同时放大图像、缩小文字、突出图像，图片放置也相对随意，给人感觉版面活跃轻松。相比之下，右边的版面更加平易近人。

图 1–29　文字与图片的排布决定版面风格

1.3　海报版式制作实训：南京青奥会海报的版式设计与制作

在这一节中，带领大家以2014年南京青奥会为主题进行海报的版式设计与制作。在制作之前，需要先进行构思，即将现有的设计元素进行初步排版，确定下来最能展现设计主题的版式，再运用软件制作海报。

1.3.1　设计构思

1）本例介绍

本例选自“2014年全国大学生广告艺术大赛——南京青奥会”招贴设计赛项中的作品。设计者运用魔方、运动员剪影和大赛组规定字体等元素作为设计语言。魔方是深受广大青年喜爱的智力玩具，选择魔方作为图形主体，不仅考虑魔方代表“多面的融合”这一含义，同时魔方游戏还暗含“竞争和分享精神”的意味。设计者在魔方的侧面运用了五环的颜色，并把不同赛项运动员剪影放置其上，体现青奥会具有丰富的赛项。“NanJing”这一英文字样是大赛组规定字体，字体体现南京这座古城的特色文化。“指尖中转出精彩，运动中感悟人生”是整张招贴的标语，也是联系魔方和青奥会的点睛之笔。整张招贴色彩活泼开朗，体现青年人充满希望、活力、激情的特质。

2）设计思路

针对本例，因为是为南京青奥会所做，版式排布时希望将重点放在图片上，文字作为辅助要素，环绕图片放置，同时兼顾视觉上的平衡与稳定。

页面规格：本例海报尺寸为900毫米×1200毫米，颜色模式为CMYK模式，喷绘方式，分辨率为150dpi。一般来说，页面规格需要在创建文件时就设置好。

色彩搭配：结合海报主题及手中素材，选择五环颜色为主色，黑色为文字颜色，搭配紫色为配色。

页面布局：结合所给设计素材，手绘版式设计小样，这几个小样分别是素材的不同排布方案，在其中选择最欣赏且视觉最舒服的一例进行制作。

通过对比这几个方案可以看出，方案3最符合视线流动规律，观者视线从上到下流动顺畅。设计元素在版面构图较为平衡。本例中选定方案3进行制作（图1-30）。

1.3.2　软件实现

下面进行该海报版式制作，这里使用常用的矢量图形制作软件Adobe Illustrator（本书作者使用的是Illustrator CC版本，读者可使用其他版本软件，界面略有不同，以下章节不再说明）。

本例素材文件在光盘：/项目一　海报设计制作范例文件/素材中

1）启动Adobe Illustrator软件，执行文件—新建命令，在新建文件对话框中设定文件名为“项目一”，画板数量为1（海报往往是单张形式），页面大小为宽度900毫米，高度为1200毫米，页面方向为纵向（本例中选择的方案3是纵向排布的版式），颜色模式为CMYK，分辨率

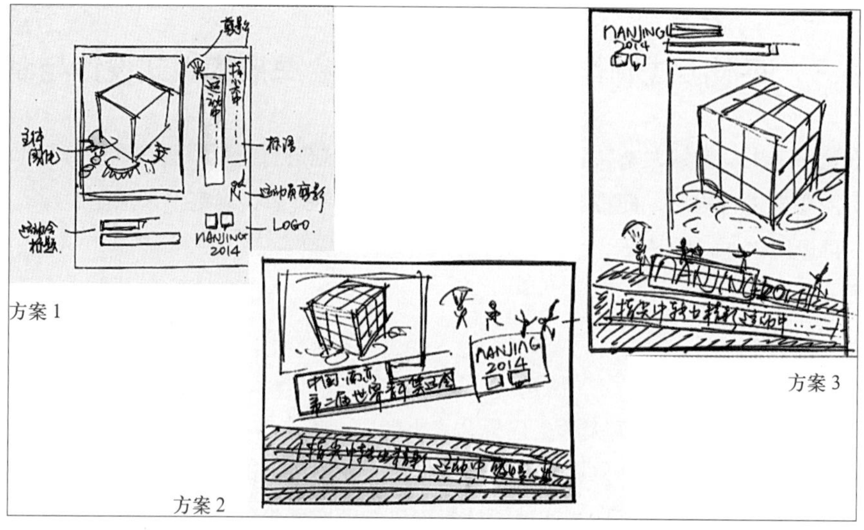

图 1-30 手绘版式方案

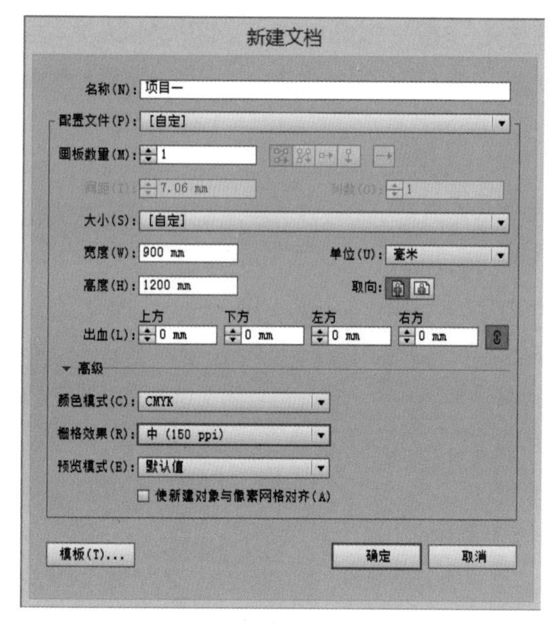

图 1-31 新建海报尺寸设置

为 150dpi 即可，其他选项保持默认设置。单击确定按钮（图 1-31）。

2）打开素材包中素材（由于本例已经给好素材，读者只需调整素材放置在版面上即可）。执行文件菜单—打开—青奥赛标志 .ai，软件会在新窗口打开大赛标志。使用左侧工具栏中的选择工具，在青奥赛标志这一文档中圈选里面所有路径，拖动到项目一文档中，按住 Shift 键调整标志大小，并放置在左上角位置，如图 1-32 所示。

3）在项目一文档中新建图层，命名为“魔方 + 阴影”。并在软件中打开“魔方 + 阴影 .ai”素材。将这二者圈选并拖动到项目一刚建好的图层中去。在图层面板中分别调整魔方和阴影的角度，使二者角度一致，并且保证阴影图层在魔方的下方。按住 Shift 键调整二者的大小，使其在版面中占据醒目位置，如图 1-33 所示。

4）在项目一文档中新建图层，并命名为“彩色墨点”。在软件中打开素材“彩色墨点 .ai”，圈选这个文档中所有路径，一起移动到项目一文档的新建图层中，可见图层自动合为一组（图 1-34）。

5）将“彩色墨点”图层移动到“魔方阴影”图层下方。并分别调整每种颜色墨点的大小和位置关系，使其与魔方颜色相呼应，并形成自然的墨点效果，如图 1-35 所示。

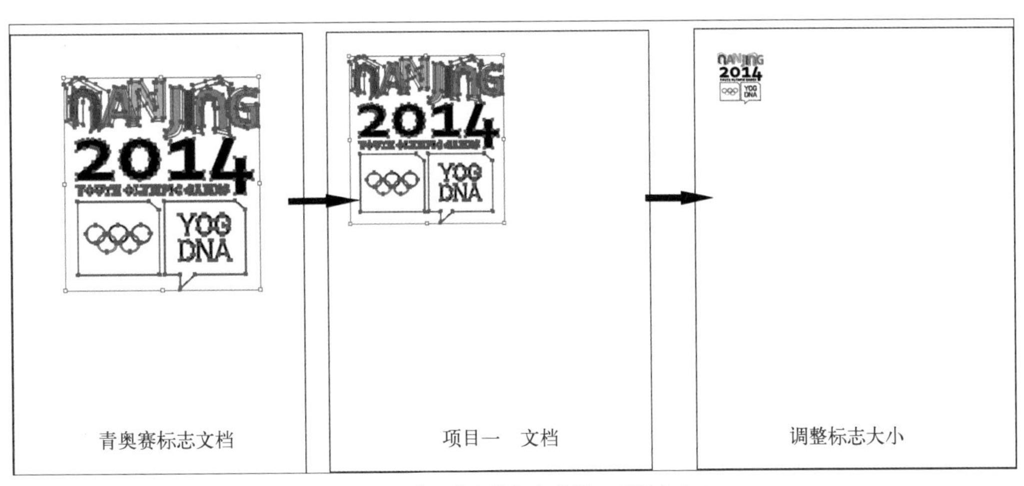

图 1-32　放入青奥赛标志素材，并调整大小

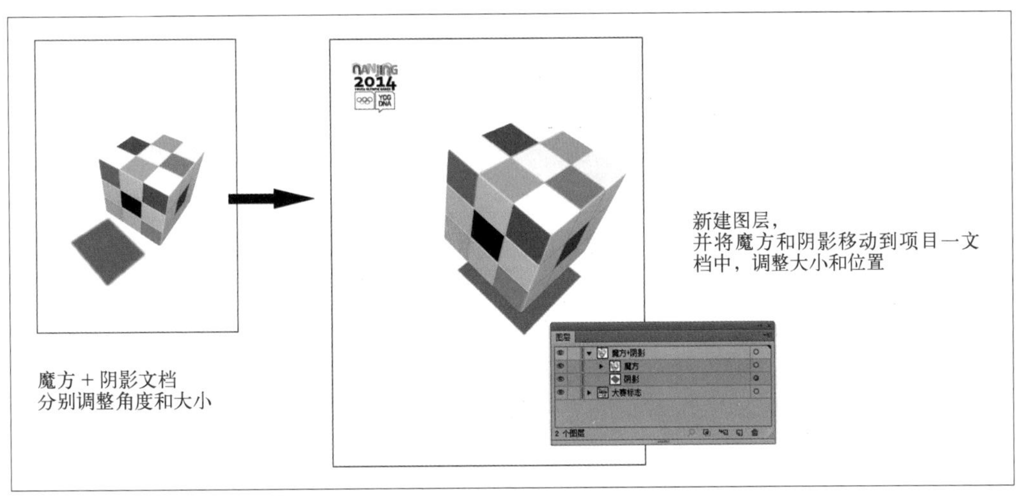

图 1-33　放入主体图形，并调整位置和大小，使其占据醒目位置

6）打开“彩条背景 .ai”素材。在项目一文档中新建图层，并移动到图层组最下方。圈选彩条背景中所有路径，拖动到项目一新建图层中。调整彩条背景大小，使其宽度与海报宽度相同，放置在海报最下端，起到稳定版面的作用，同时，对彩条稍微进行倾斜变形，与上面魔方的角度呼应，如图 1-36 所示。

7）执行视图菜单—画板适合窗口大小命令，版面内容全部显示。打开“文字标题标语其他 .ai”素材，放入海报标语和运动会名称等文字性内容，分别调整位置。其中，青奥会名称应与标志放置在一起，使用文字工具键入，字号为 120pt，字体选择具有古典风格的“迷你简综艺”体，调整两行文字左对齐；标语作为海报的点睛之笔放置在下方彩条背景上，能稳定版面，同时更改标语字体颜色为白色填充、白色描边。白色的运用较黑色能削弱文字分量，从而更好突出图片为视觉中心。注意拖动时圈选同类内容，并分别放置在项目一新建的图层中（图 1-37）。

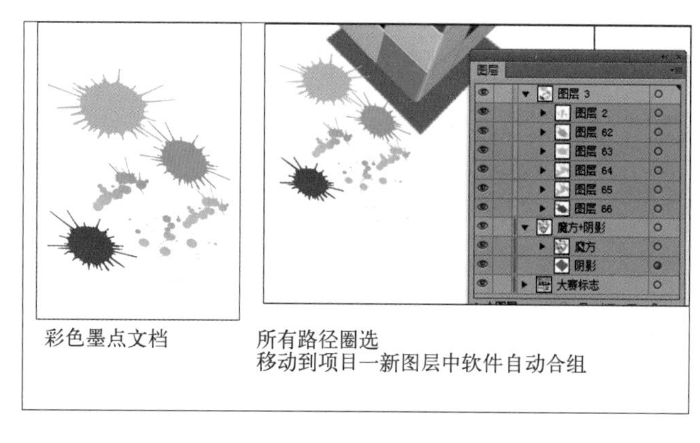

图 1-34　自动图层群组

图 1-35　调整彩色墨点效果

图 1-36　起到稳定版面作用的彩色线条

8）放入 Nanjing2014 图标。在项目一文档中新建图层，命名为“Nanjing 2014”。将素材“文字标题标语其他 .ai”中的“Nanjing”和“2014”字样分别拖入该图层中。调整放置位置和大小及 2014 字样的颜色（白色填充，黑色 5pt 描边），使其都排列在黄色彩条上，旋转一定角度与魔方图形呼应，如图 1-38 所示。

9）添加运动员剪影元素，丰富版面内容。打开“运动图标 .ai”素材，分别选择不同运动员剪影路径。在项目一文档中创建新图层，重命名为“运动员剪影”，并将素材中不同路径分别

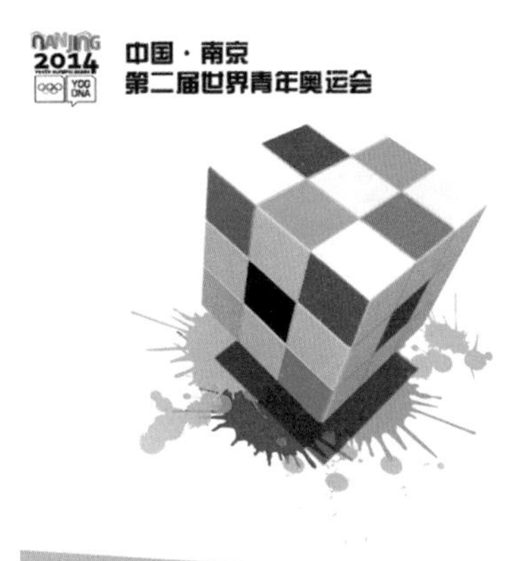

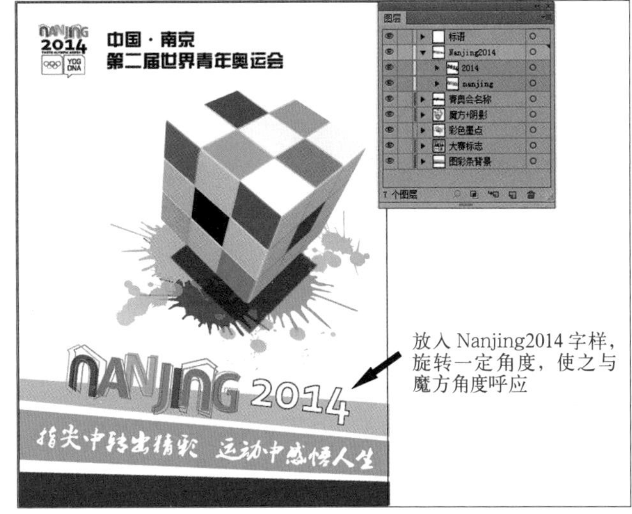

图 1-37 放入标语和青奥会全称，合理安排版面位置和视重（左）

图 1-38 放入时间地点元素与主体图形相呼应（右）

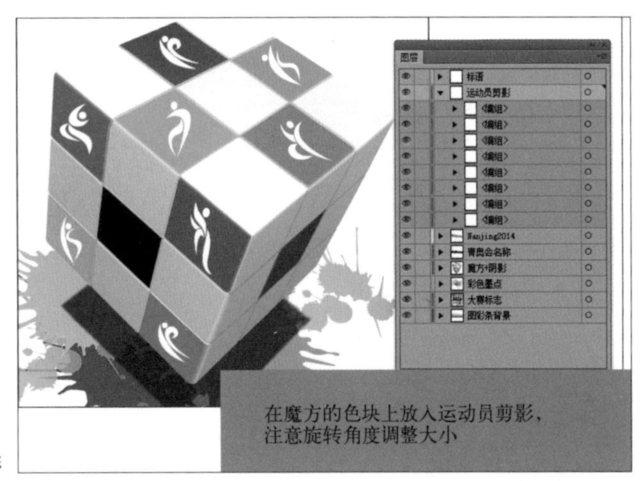

图 1-39 魔方色块上的运动员剪影

放入运动员剪影到字样上，旋转角度调整大小使之具有动态效果

图 1-40 在 Nanjing 2014 字样上放置运动员剪影，制造动态效果

拖入该图层，放置在魔方中彩色色块上，分别调整路径大小和色彩（白色填充、无描边）（图 1-39）。

10）将 5 个运动员剪影放置在“Nanjing 2014”上方，调整大小和角度使其具有一定动态效果并和“Nanjing 2014”字样外形结合。放置在时间、地点信息要素上的运动员剪影与魔方上剪影相互辉映，同时丰富版面素材，效果如图 1–40 所示。

11）对整张海报进行全面调整，保存文件，最终效果如图 1–41。

图 1–41 海报最终版式效果

项目小结

通过本项目的学习，了解海报这一平面媒介的特点、功能和分类，了解海报版式设计中的视觉要素，掌握海报标题字体的设计和排布方法，掌握标题与图片组合放置的方法，并按照制作实例运用平面软件掌握海报版式制作基本方法。

课后练习

1）找到一张分辨率高的风景图片，认真观察这张图片，试着将图片中你认为最吸引你的部分放置到另一种形状中，剪裁这张图片使它以新形状出现（图 1–42、图 1–43）。

2）找到一首诗或一段说明性文字，将这些文字用 8pt 字号排布在宽度 80 毫米、高度 110 毫米的纸面上，若文字有标题，标题字号可不限制；再找一张相关的图片，尝试用不同形式

图 1–42 风景原图

图 1–43　用不同形状重新规划风景图片

与文字排布在一起，用平面软件试着把各种方案制作出来（图 1–44）。

3）标题在页面中的布局练习。下面的宣传海报是关于校园象棋比赛的。请简述看到这张海报的感受。哪些地方需要修改？为什么？如果重新调整这张海报的版式，你会怎么调整（图 1–45）？

4）标题与图片组合排版练习。以大学生活动中心某晚举办的迎新舞会为主题，搜集一些图片素材，并尝试把不同形状图片与标题放置在合适的版面上，力求版式美观，主题突出。用平面软件制作三种版面形式，并比较优劣，给出理由。

5）为在校举办的某款平面设计软件（自选）技能培训宣讲课设计及制作海报一份，要求传达培训时间、地点、主讲人、公司名称等基本信息，海报制作版面尺寸为 90cm × 120cm，分辨率为 150dpi，页面方向自选（横向或纵向）。围绕主题自行选择合适的图形图像素材，适当处理图片素材，合理安排图片和文字位置布局，为标题文字添加一些字体样式，并综合运用平面设计软件完成海报制作。

图 1-44 图片和文字混排的多种方案

图 1-45 课后练习 3

项目二　光盘包装版式设计与制作

项目任务

本项目通过对光盘包装版式设计方法的讲述使学生掌握光盘包装版面设计的基础知识：了解光盘包装的功能和分类、光盘包装版面的结构和基本尺寸；通过歌曲合集 CD 版式设计的实例了解版式设计的构思过程，使用平面软件完成课上实例和课后练习。

重点与难点

光盘包装的版式设计尺寸、光盘盘贴版式设计、综合运用平面软件进行光盘包装版式制作。

建议学时

8 学时（4 学时讲解基础知识，4 学时实训练习）。

2.1　光盘包装版式设计介绍

2.1.1　光盘包装的功能与分类

光盘盒，是专门用来存放光盘（CD/DVD）的工具，是现代家庭中常用的用品。光盘盒分有三类：一类是透明光盘盒，可以插入封面；另一类是光盘包，通常可以存放很多张光盘；第三类是各种定制的光盘盒，形式多样，包装结构也比较多样。这里要讨论的是普通光盘包装盒和盘贴的设计。

光盘包装因光盘内容不同而设计风格迥异，一般来说，光盘可以依据内容简单分为歌曲与影视类、教育素材类、游戏类等。在进行包装设计时要根据光盘类型选择适合的设计风格及设计语言。

2.1.2　光盘包装的版式设计要求

1）光盘包装的版面设计结构

首先认识下光盘包装版式的设计空间。根据物理空间上的从外到内，一般可以将光盘版式设计分成三部分：光盘盒正面版式设计、光盘盘贴版式设计、光盘盒侧面与底面版式设计。

光盘盒正面的包装纸称为上标，它一般包含 CD 的封面设计，通常根据需要会制作成对折式、三折式的单张，或者专辑介绍小册子，以便放置歌词、曲目信息等。

光盘盘贴是随光盘形状印刷在盘体正面，通常为圆形，内容可能包括光盘名称、曲目名称（视空间而定）、出版机构名称等，往往其设计风格和光盘包装盒要统一，且不宜过于复杂。在进行版面设计时，需要注意留出中间圆孔的位置，在四周放置所需内容，以免破坏图形与图像的完整。

包装盒的底面与侧面是光盘的下标。底面一般会放置专辑的简介、条形码信息、出版机构信息等；侧面放置专辑的名称。

2）光盘包装的版式设计尺寸

对于包装类别的平面设计作品，其大小规格是根据内部放置的产品而确定的，不能因为追求视觉效果而过度包装。光盘包装的设计空间是由光盘的物理结构决定的。

（1）光盘盘面尺寸，如图 2-1 所示。

（2）光盘上标即指光盘盒正面的纸张，根据放置内容不同又可以分为单页和折页式，尺寸分别如图 2–2 ～图 2–4 所示。

（3）光盘下标，包含下标和侧标，一般插在光盘盒的背面，尺寸如图 2–5 所示。

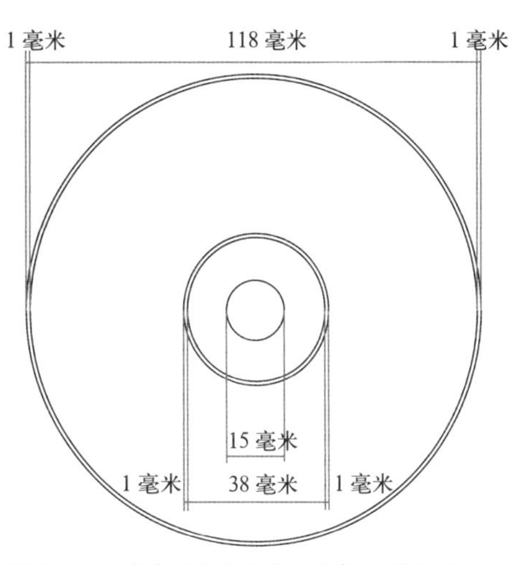

图 2–1　光盘盘面尺寸示意，其中 38 毫米到 116 毫米之间为盘贴空间

2.1.3　光盘包装版式设计的基本要求

在进行光盘包装版式设计之前，先要明确光盘的定位和内容，再进行版式风格设计。设计师要深知光盘外包装和光盘盘贴是相互依存的整体，在进行版式设计时要相互关联、相互呼应，即外包装的矩形版面和内盘贴的圆形盘面在形状上是对立的，但在风格和设计元素上需要统一起来。此外，版面上一些规定放置的内容是必不可少的，如光盘标题（专辑名称等）、曲目名称（或章节题目）、内容介绍、出版机构、条形码等，在设计时除了考虑艺术性的设计元素外，这些内容也必须放置在包装上。

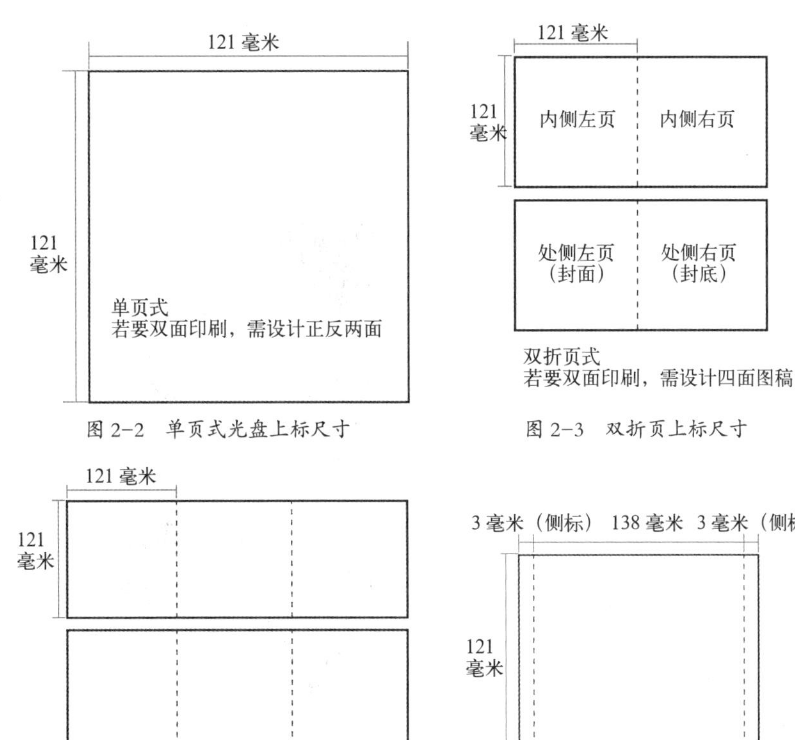

图 2–2　单页式光盘上标尺寸

图 2–3　双折页上标尺寸

图 2–4　三折页上标尺寸

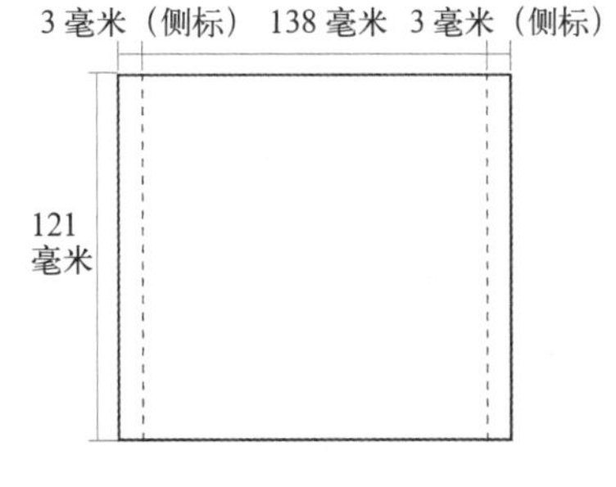

图 2–5　光盘下标尺寸，包含侧标

2.2 光盘包装版式设计分析与赏析

实例 1：轻音乐曲辑包装设计

在这个光盘包装系列中，设计师大量使用文体构成图形，运用段落疏密、色彩浓淡营造出朦胧并且流动的效果，表现了光盘中轻音乐温暖空灵的特质。使用白色镂空字体与背景字体对比表现光盘的主题。在光盘盒内页，用钢琴键盘的局部图样作内封，暗示 CD 的内容，并通过折页和手册介绍演奏者和曲目等信息。版面上虽留白较多，却不觉单调，传达出丰富的信息（图 2–6）。

实例 2：摇滚音乐专辑的包装

整个包装中文字的使用不多，多为图像渲染氛围。上标墨黑色的乌鸦俯冲下来，给人一种构图上的重量和紧张感，对比黑色背景的白色手写字体，用淡淡拖尾效果与鸟的羽毛图样相映衬；下标是规矩放置的曲目信息排列，白色背景干净简洁，衬以一群静止的乌鸦图像符合观者阅读状态；光盘盘贴运用上标图像的局部，这是常用的内包装设计手法；折页说明也运用相同的图像素材。整张专辑色彩对比强烈、个性分明，暗示了专辑音乐摇滚乐表达自我、非黑即白的特质（图 2–7）。

技能点 1：素材的先期处理——图片的处理方法

没有一幅图片是设计师直接可以使用在设计中的，我们往往是通过网络、书籍或手绘等方式得到素材，即使是亲自动手拍摄的照片，运用到设计中也同样需要经过处理。因此学会

图 2–6 Amy Shu 设计的光盘包装系列

图 2–7 摇滚音乐专辑包装

在版式设计中处理图片，并将图片合理有效地放置在版面上，非常重要。下面介绍几种常用的图片处理方法。

◆图片剪裁

找到的素材一定包含你需要的设计元素，但图像中总有不被需要的部分，这时图片剪裁工具作为最常用的处理图片工具，是每个设计师都必须掌握的。

这里以常用的平面处理软件 Adobe PhotoShop 为例简单介绍剪裁工具的使用方法。

a. 在软件中打开你要用的图片。在这张霍比特人的海报中，我们只需要用到甘道夫的头像，如图 2–8 所示。

图 2–8　使用 PhotoShop 软件打开所要用到的图像

b. 在左侧工具栏中找到剪裁工具图标，点击剪裁工具，就会在整张图像周围出现 8 个剪裁框，如图 2–9 所示。

图 2–9　使用剪裁工具

c. 分别拖动这几个剪裁框，此时鼠标变为调整大小的双向箭头样式。保留剪裁框到你需要的素材位置松开鼠标。在选项栏中点击对勾确认剪裁，如图 2–10 所示。

图 2–10　调整剪裁框大小到需要的位置

d. 得到剪裁结果如图 2–11 所示。

e. 其他剪裁选项这里不再具体介绍，具体请参阅 PhotoShop 帮助文档（图 2–12）。

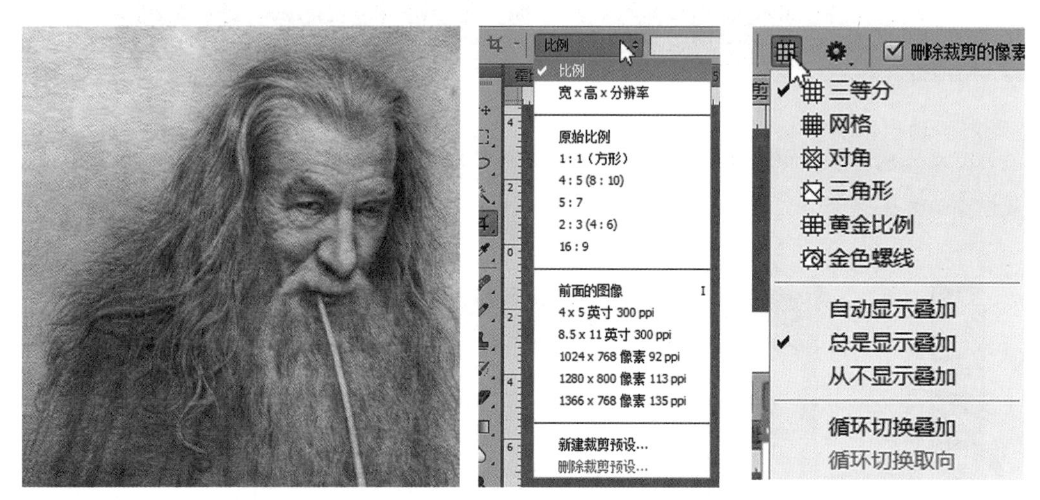

图 2–11　剪裁后的图像　　　　图 2–12　剪裁工具的选项栏设置

◆图片调色处理

给图像变换色彩也是设计师常用的素材处理手段之一。有时原图的色彩不满足整张设计稿的风格，设计师可以运用平面软件给图像换个色彩，或者对图像局部进行色彩变化。还以 Adobe PhotoShop 软件为例，在图像菜单—调整中，有多种关于色彩调整的命令，比较常用的有“色相 / 饱和度”、“去色”、“曲线”等。

图 2-13 左图是一张照片的原图，右图表示在 PhotoShop 软件中常用的色彩处理命令，调色效果如图 2-14 所示。

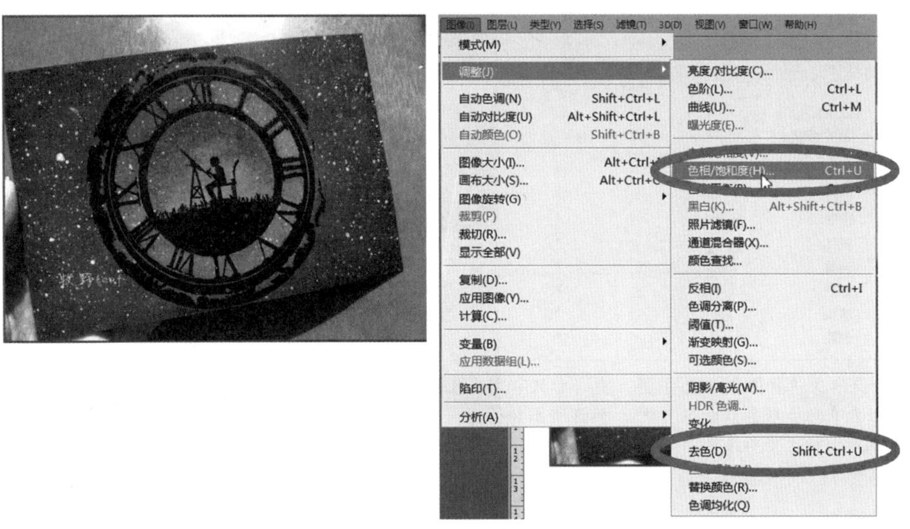

图 2-13　平面软件中的图片调色命令

氰版照相效果

深褐效果

去色效果

降低背景色明度和饱和度突出主体

通过处理图像曲线调整对比度

图 2-14　多种调色效果

◆应用滤镜

当需要图像出现符合设计风格的特殊效果时，还可以考虑使用平面软件中的“滤镜”功能。有些版本软件滤镜功能是可扩展的（图 2-15），图 2-16 是几个使用滤镜后的效果。

通过平面软件中的一些基本功能，就可以实现对素材的处理，从而为版面创建一致的风格。设计师们一定要掌握这些平面软件的图像处理功能，创造出丰富的平面素材。

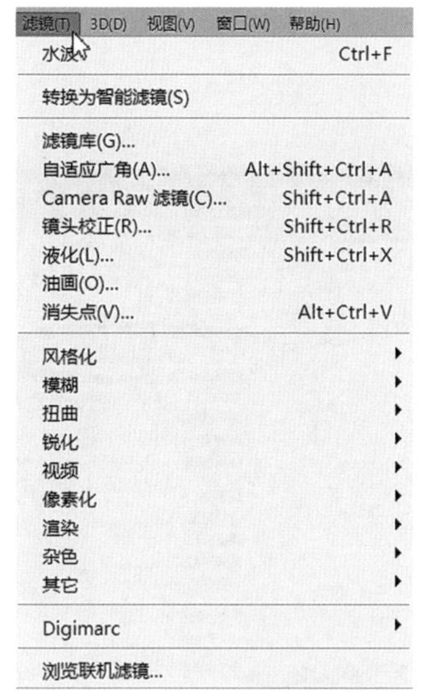

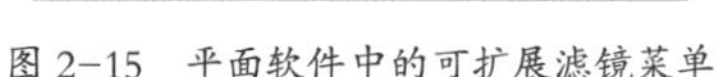

图 2-15　平面软件中的可扩展滤镜菜单

原图

滤镜—扭曲—水波效果

滤镜—杂色—蒙尘与划痕效果

滤镜—像素化—彩块化效果

滤镜—渲染—光照效果

图 2-16　多种滤镜使用效果

2.3　光盘包装版式制作实训：圣诞歌曲 CD 外包装及内盘贴的版式设计与制作

2.3.1　设计构思

圣诞节是西方国家一年中最重要的节日，圣诞节以平安夜开启庆祝序幕。平安夜晚上全家人围坐圣诞树旁享用圣诞大餐，纪念耶稣的诞辰，房间里回荡着欢快的圣诞歌曲。夜间，传说中的圣诞老人会乘坐驯鹿拉的雪橇给各家各户派发礼物，礼物会放在圣诞袜中，挂在孩子的床头。圣诞节清晨，其他人也都会在圣诞树下找到家人送给自己的礼物。一张圣诞歌曲合集可能就是一份送给孩子的圣诞礼物。

这些描述都是人们对圣诞节的认识和印象，在设计之初，我们需要先搜集和圣诞相关的图片素材以启发设计思路。素材文件夹中有通过网络找到的关于圣诞的图片资料。大家可参考使用这些图片中的圣诞元素及配色方法来进行自己的设计创作。

在设计之前,还要先确定整体的版式风格。因为是送给孩子的礼物,这张光盘包装版面要活泼,要有浓郁的圣诞气氛，于是要运用常见的圣诞图像素材，特别是圣诞色彩。下面在其他软件中先处理好要运用的素材和文字，打包放入一个文件夹中，再综合运用平面软件进行版式制作。

这里，选用图像素材圣诞铃铛，因铃铛与歌曲相关，选用圣诞常用的几种颜色：红色是圣诞老人的颜色，深绿色是圣诞树颜色，蓝色与白色象征圣诞时间为冬季，这些色彩作为版面色彩搭配方案。

本例所有素材都可以在光盘：/ 项目二光盘包装设计制作范例文件 / 素材中找到。

2.3.2　软件实现

1）制作光盘盒上标

本例的光盘上标采用单页设计，因此需要制作出正反面两页图稿。

（1）启动 Adobe Illustrator 软件，执行文件—打开命令，找到素材包中的“光盘上标正反面空白.ai”文件（请用 CS3 及以上版本打开），这里是已经制作好的光盘上标空白底稿，上下两面底稿分别是上标的外面（显示在光盘盒封面上）和内面，以及光盘上的一个 CD 图标。开启图层面板，可见上标内侧和外封面图层都是锁定的，点击锁头标志，分别给两个图层解锁才能进行下面的制作，如图 2-17 所示。

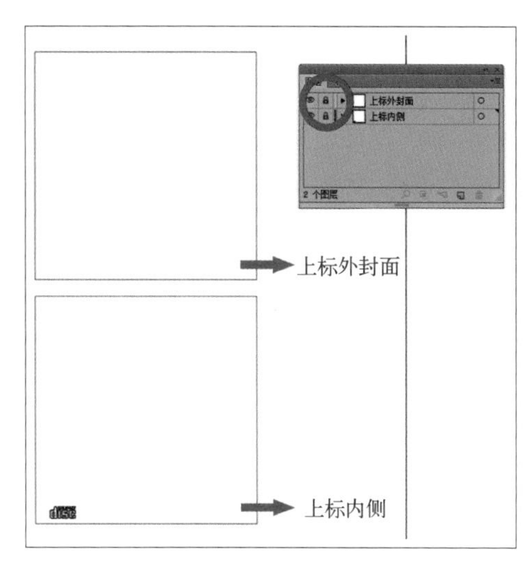

图 2-17　打开素材文件，分别给上标外封面和内侧两个图层解锁

（2）制作光盘上标外封面。注意：在 Illustrator 图层面板中（开启关闭快捷键 F7），只有选择某个图层，所做的操作才在该图层上完成。所以制作时需要注意随时切换图层，现在我们进行外侧背景的创建，点击上标外侧图层，使其高亮显示。

①在工具栏中选择矩形工具，贴合外封面路径绘制矩形。修改矩形大小为宽 8 毫米，高 127 毫米，并与外封面路径左侧对齐；为该矩形填充深红色（CMYK 值如图 2-18 所示），描边为无；绘制好后效果如图 2-18。

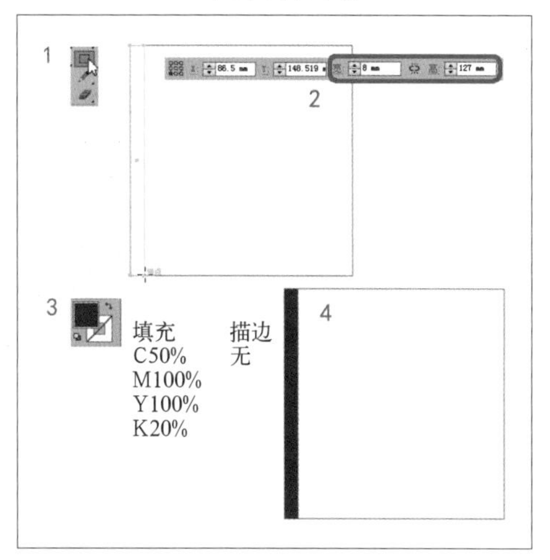

图 2-18　制作上标外侧背景图案 1

②选择刚绘制的深红色矩形，按住键盘 Alt 键向右拖动矩形，复制一个矩形并让其左侧与第一个矩形右侧贴合，为这个矩形填充深绿色（CMYK 值如图 2-19 所示）。

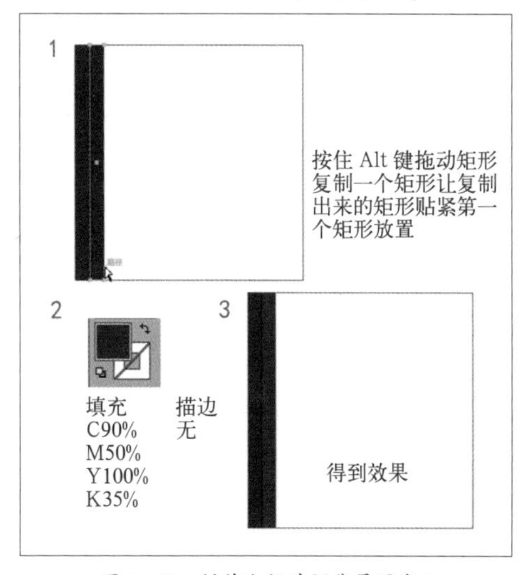

图 2-19　制作上标外侧背景图案 2

③在图层面板中按住 Shift 键同时选择这两个路径（注意路径选择后，图层名称后面会出现方块），拖动到下方新建图层图标，如图 2-20 所示，复制出两个新矩形路径出来，移动这两个新的路径使其与刚才的路径贴紧（可以开启智能参考线）；同样，执行对象—变换—再次变换，重复复制和移动动作，直到整个封面被红色和绿色矩形填满，背景制作完成。

④在 PhotoShop 软件中处理铃铛素材，将铃铛路径直接复制到 Illustrator 中，如图 2-21

所示，注意确保当前激活图层仍为上标外封面图层。

⑤置入铃铛内图案。执行文件—置入命令，打开置入对话框，选择素材包中的“铃铛内图案.jpg”文件，挑选对话框中“链接”选项，这样保证软件与外部置入的文件同步更新（选择链接选项是常用的置入外部文件的方法，一旦文稿原件改变位置，软件会要求更新文件，不需要再重新置入外部图片），点击确定。调整铃铛内图案的大小和位置，使其大于铃铛形状边缘，如图 2-22 所示。

⑥创建剪切蒙板。调整图层顺序，将复合形状放置在刚链接的图像上方；按住 Shift 键同时选择这两个图层，执行对象菜单—剪切蒙版—建立，则用铃铛形状剪切掉下方图像，如图 2-23 所示。

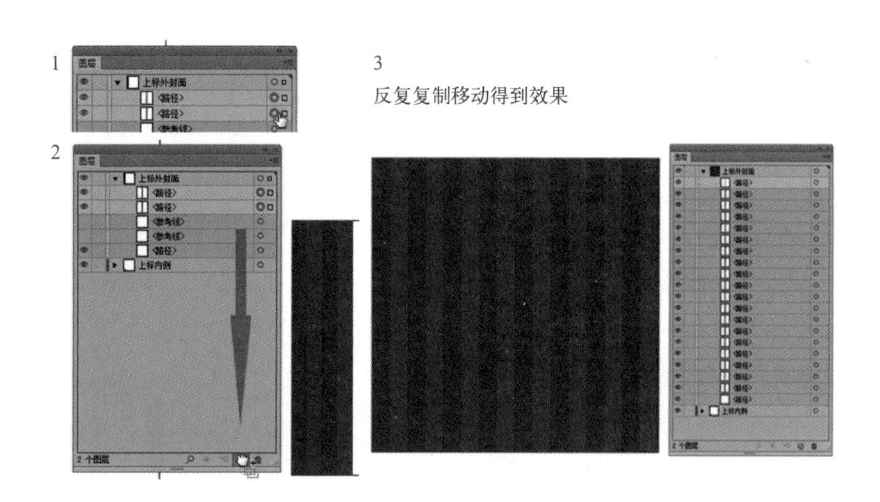

图 2-20　制作上标外侧背景图案 3，完成

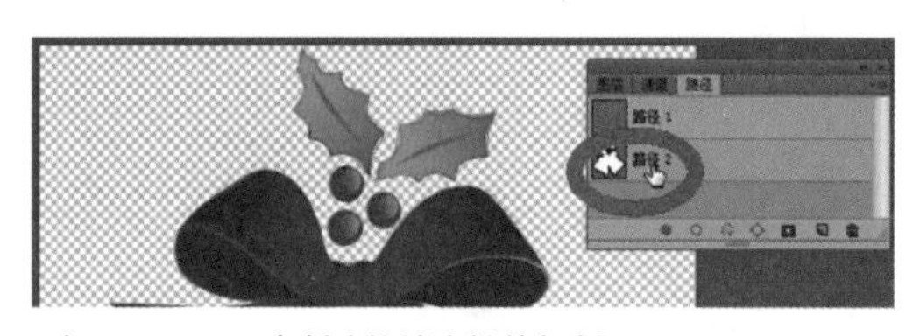

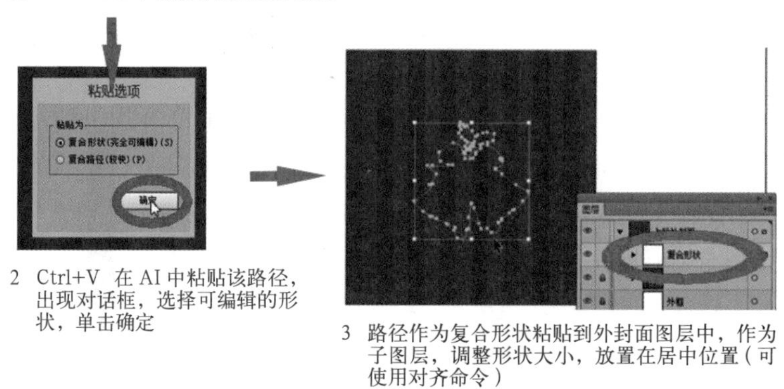

图 2-21　为外封面置入处理过的铃铛路径

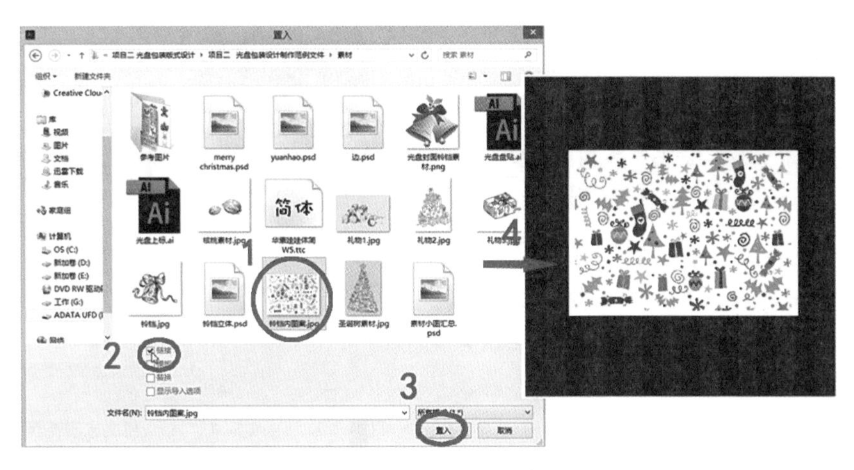

图 2-22　置入铃铛内图案素材

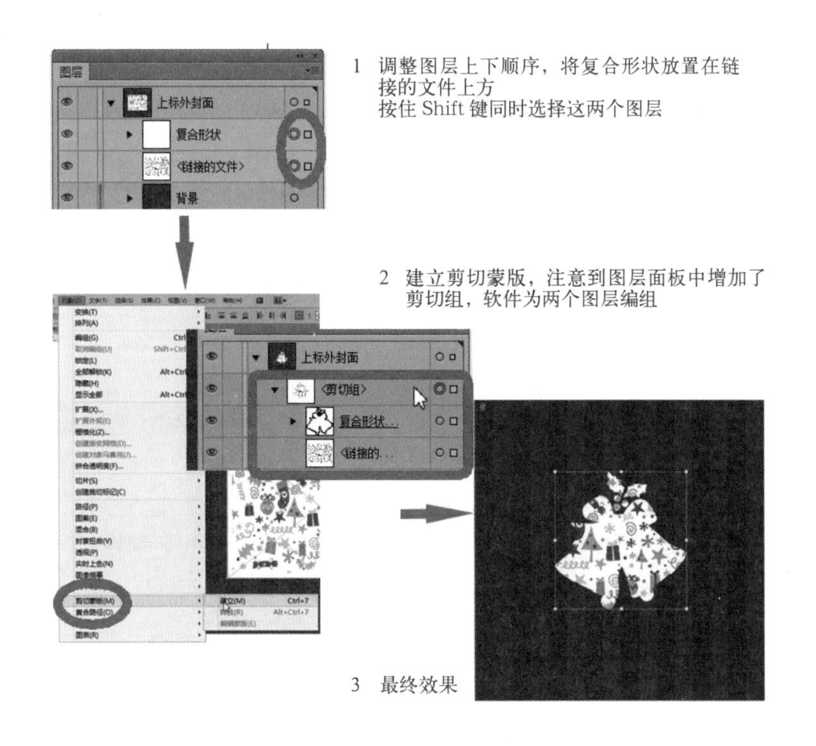

图 2-23　运用剪切蒙版创建铃铛形状的圣诞图像

⑦为铃铛图像添加效果。在添加效果之前，需要先把刚才做的剪切路径进行扩展成为可编辑的基本路径。在图层中点击“复合形状（剪贴）”（注意图层后面的圆形标志变成双层表示选择上该图层），执行对象菜单—扩展命令，注意到图层名称变为“编组”；保持该图层的选定状态，打开外观面板（窗口—外观），在面板底部点击“添加新描边”命令，现在我们给铃铛形状添加一个黄色的，宽度为“3pt”的描边，最终效果如图 2-24 所示。

技能点 2：Illustrator 软件中几个易混命令

在平面软件 Illustrator 中，有几个比较容易混淆的命令，介绍用法如下：

◆菜单“对象—路径—轮廓化描边”，一般用于和路径描边（边框）有关的操作上。主要作用是把物体的描边转变为填充。

◆菜单“对象—扩展”是用以把复杂物体拆分成最基本的路径。矢量物体在组合、填充后会从单纯的路径转变成如复合形状、复合路径、渐变填充、图案填充等较复杂的物体，而扩展就用于把这些物体打散成最基本的路径。

◆菜单“对象—扩展外观”，这个命令一般用于物体在执行了外观变化的命令之后，如“效果菜单”、“图形样式”、“笔触”等，这些命令并没有对物体产生属性上的变化，而只是物体的外观发生了变化。在 Ctrl+Y 的轮廓模式下，看到的依然是原物体，在外观面板中也能够看到每个效果，可以删除掉单个的效果，类似 PS 的图层样式，而扩展外观的作用就是把这些效果变成真正的物体属性变化，让物体真正发生变化。

◆菜单“文字—创建轮廓”，是文字的转曲线命令，文字虽然是矢量的，但是是特殊物体，有字体，字形等文字参数，如果你电脑中没有相应的字体就无法显示这个文字或者只能用其他字体代替，所以创建轮廓的作用，是把文字转成基本的路径，这样就不会有字体缺失的问题，但是同样也就没有了文字智能的参数修改。同样，如果要对文字做点线的修改，一样要先建立轮廓。

⑧给铃铛剪切画添加投影效果，选择剪切组图层，开启外观面板，点击下方“添加新效果”图标，添加投影效果，参数设置如图 2-25 所示。

⑨输入专辑名称，并添加效果。由于光

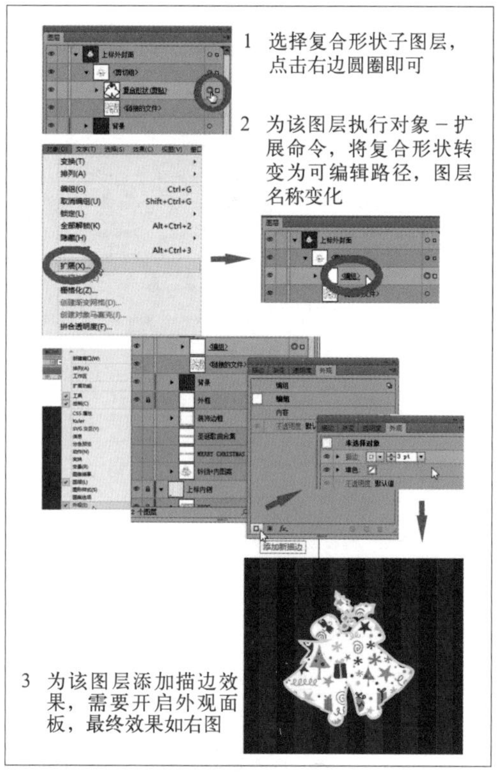

图 2-24　扩展复合路径，并添加描边效果

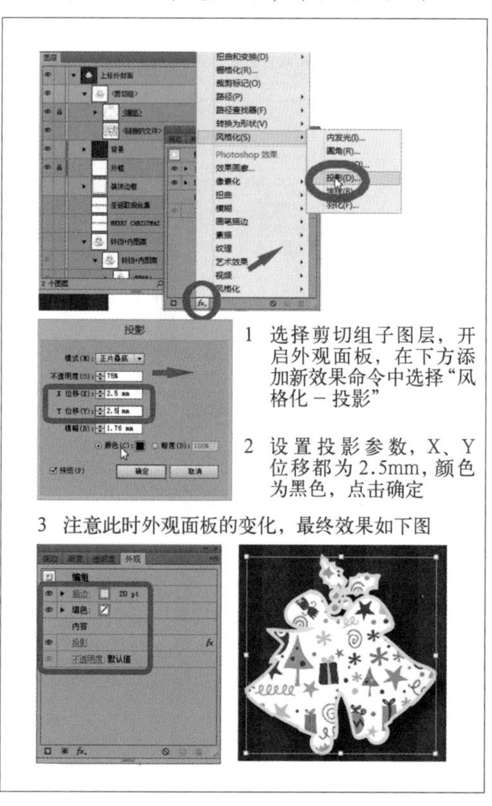

图 2-25　给剪切画添加投影效果

盘上标是常用的矩形版面，因此在对版式进行设计时，只需采用常用的版式规律进行即可。这里我们将专辑名称作为标题对待，与醒目的铃铛剪贴画进行版面居中排布。保证当前图层为“上标外封面”，在铃铛上方位置点击文字工具输入“Merry Christmas”，在铃铛下方位置输入“圣诞歌曲合集”字样，字体使用“华康娃娃体 W5”，字号 36pt，分别设置描边效果和投影效果，如图 2-26 所示。

⑩为封面添加装饰性元素。做好的版面稍显单调，在背景上可以添加装饰性边框。使用画笔工具进行绘制，并增加描边效果，如图 2-27 所示。

⑪ 光盘上标外封面制作完成。锁定上标外封面图层，保存文件为其他名字。

（3）制作光盘上标内侧。展开上标内侧图层名称左侧的三角图标可以发现，这一图层是由 DISC 图标和矩形外框组成的。需要在内侧放置歌曲曲目名称。这里先锁定 Disc 图层，然后制作背景。

新建一个子图层，命名为背景，保持该图层的选定状态。复制外封面图层中的背景到该图层，交错更改颜色为浅蓝色和白色，注意颜色是交错的，即一蓝一白，如图 2-28 所示。

（4）导入内页主要图像。上标内页主要放置的内容是曲目名称，在进行文字排版之前，我们先将主要图像排布到内页中，这样可以为后面的文字放置做好定位，这也是在版式设计中常用的先图后文的排版方法。

在保证图层选择仍为“上标内侧”的情况下，导入素材文件夹中的“圣诞老人驾车图片 .psd”，这是之前在 PhotoShop 软件中处理过的图片。注意，导入选项中，选择“链接”。调整大小和角度，放置在内页右下角，如图 2-29 所示。

1　使用工具栏中的文字工具，键入光盘名称 MERRY　CHRISTMAS，圣诞歌曲合集。

2　为文字填色并描边，在选项栏中设置

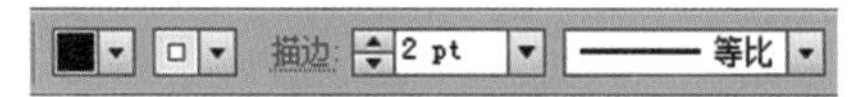

3　运用对齐命令，让文字和剪贴画居中对齐，效果如右下图

图 2-26　添加光盘名称，填色并描边

1　使用工具栏中的画笔工具，在画板右侧点击画笔面板选项，选择其中第二个“厚重铅笔”效果

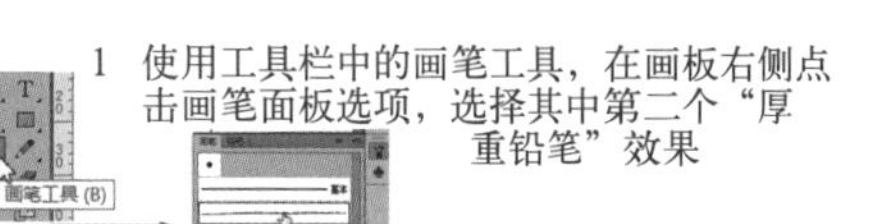

2　保证当前选择图层为上标外封面，新建一个图层，在背景上绘制一个边框，形状不要太规整。使用工具栏中“直接选择工具”（白箭头）调整节点形状到满意

3　为该路径再添加外观效果，在外观面板中添加描边，选择色板中第二行浅棕色，8pt，最终效果如右图

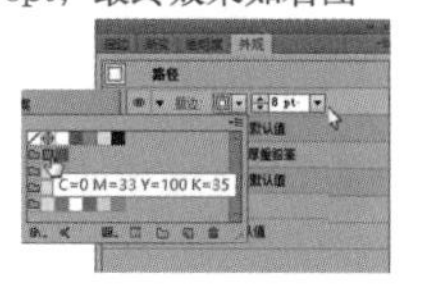

图 2-27　添加装饰性边框，丰富版面内容

1　复制上标外封面中的背景一层（方法是按住键盘 Alt 键并拖动该图层到上标内侧图层组中，注意鼠标形状变化）

2　在画板中移动刚复制的路径，使其与内侧画板对齐，如右图所示。更改图层名称为背景，并锁定外封面中的背景。更改该图层中路径颜色，使蓝白色交错，如下图所示

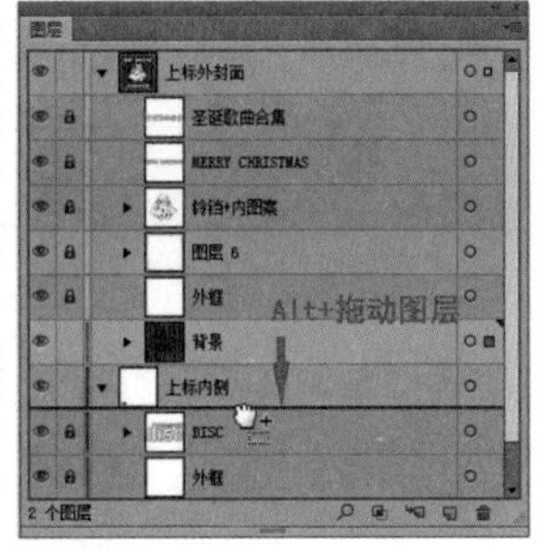

图 2-28　光盘上标内侧背景制作

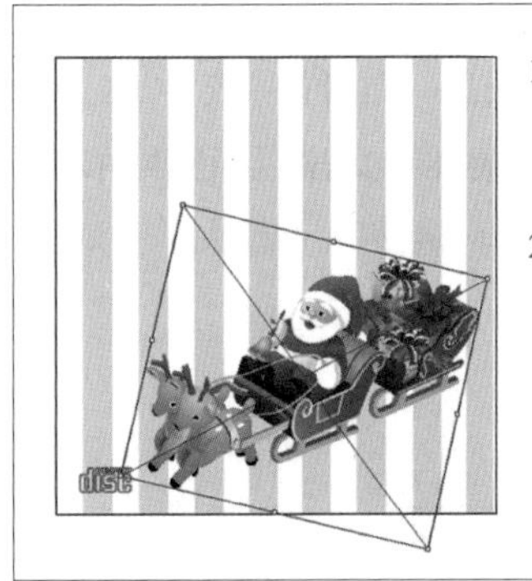

1　导入素材文件夹中的圣诞老人驾车图片，注意在导入时选择“链接”选项

2　调整图像大小，并做稍微旋转，放置在内页的右下角位置，如左图所示

图 2-29　为内页置入主要图像

（5）创建歌曲曲目。这里放置歌曲曲目名称，我们不用简单的段落文字进行排布，而使用 Illustrator 强大的路径文字功能。在输入文字之前，需要先进行路径的创建。而路径放置位置取决于文字与图像的排布位置。本项目我们将 12 首歌曲分为三块区域放置。

①创建路径。在保证图层选择仍为“上标内侧”的情况下，先绘制一条直线，执行对象—移动命令，向下间距 60 毫米复制一条直线；使用工具栏中混合工具，依次单击这两条直线，双击混合工具图标，设置混合参数如图 2-30，创建出 8 条混合路径；复制该混合路径，拖动到右侧相同高度，选择刚复制的混合路径执行扩展命令，转化为可编辑路径，用编组选择工具选择靠近圣诞老人图像的 4 条路径，并删除（复制路径后共 16 条，而只有 12 个歌曲名称，因此删除掉 4 条邻近图像的）。同样的方法，将另一组混合路径扩展成为可编辑的路径。

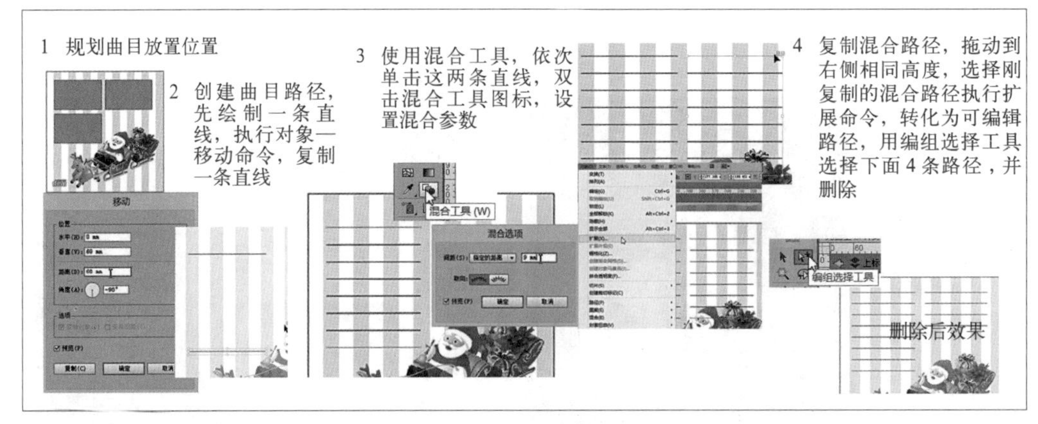

图 2-30　创建曲目路径

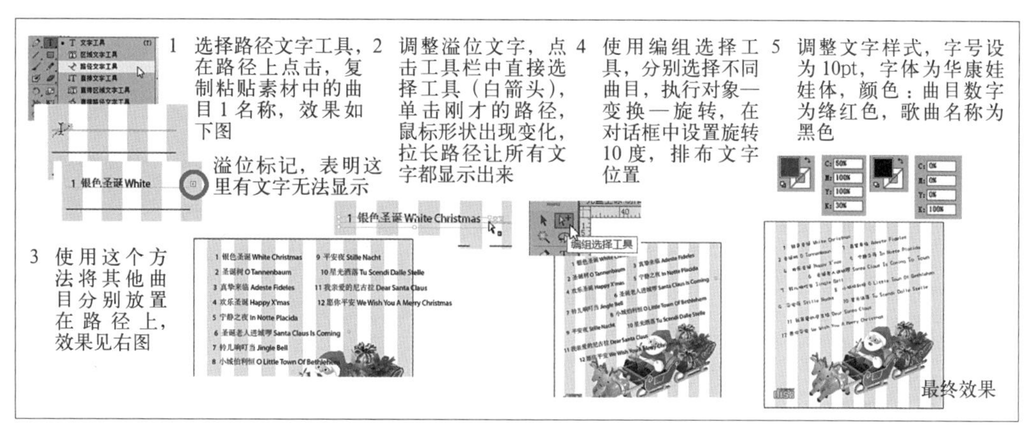

图 2–31　放置及调整路径文字

②创建路径文字。选择工具栏中“路径文字工具”，在路径上复制粘贴素材文本文档“圣诞歌曲曲目 .txt”中的曲目 1 名称，注意因为文字较长，部分文字没有显示，而是出现红色 + 方框，这是溢位标志，表明因路径与文字长度不匹配而部分文字显示不出来；调整溢位文字，使用直接选择工具点击路径，拖动路径终点加长路径，使所有文字显示出来即可；重复这个方法，将所有的曲目依次放置在路径上；调整文字位置；调整文字样式（字号统一为 10pt，字体为“华康娃娃体 W5”，颜色数值见图 2–31）。微调圣诞老人图像和文字位置关系。

（6）最终效果如图 2–32，保存文件为“光盘上标 – 完成 .ai”。

2）制作光盘盘贴

（1）打开光盘盘贴文件。执行文件—打开命令，在素材文件夹中找到文件名为“光盘盘贴 .ai”，单击打开按钮。

开启图层面板，注意到该素材里面有三个图层，分别是 disc 文字（锁定状态）、光盘路径（可编辑）、参考线（锁定状态）。

图 2–32　上标最终完成图

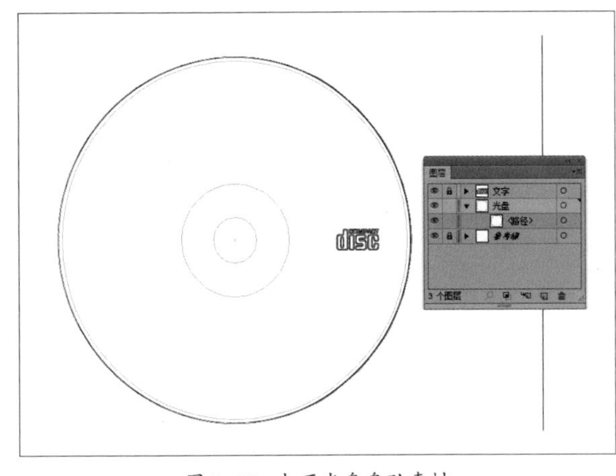

图 2–33 打开光盘盘贴素材

我们要创建的光盘盘贴是在光盘这一图层上，所以始终保持这个图层被选定的状态（图 2–33）。

（2）创建光盘形状。素材中的文件，只给出了光盘的外边缘，现在我们要创建内边缘，并将内外圆进行运算，使成为复合路径，即光盘盘贴的版面空间。

光盘盘贴内径尺寸为 38 毫米，选择工具栏中椭圆工具，按住键盘上 Shift+Alt 键，找到外边缘的圆心，鼠标处显示中心点，单击，输入尺寸参数为 38 毫米，绘制好盘贴内圆；创建盘贴版面复合路径，按住 Shift 同时选择内外圆两个路径（注意图层名称右边有方块显示），执行窗口菜单—路径查找器面板，在里面找到“减去顶层”，按住 Alt 键点击减去顶层，两个路径就运算成一个复合形状，点击路径查找器中的“扩展”按钮变为复合路径，为该路径填色可见内圆已经空心，注意图层面板变化（图 2–34）。

（3）置入盘贴背景和图像

①下面复制粘贴光盘盘贴背景。由于光盘盘贴和外包装封面设计需要统一风格和样式，这里盘贴背景依然沿用封面中的红绿相间色条。打开之前制作好的外封面文档，复制其中的外封面背景，在光盘图层下新建子图层，命名为“背景”，将红绿色条纹粘贴到这一图层上，调整该图层和复合路径图层的上下关系，让复合路径在该图层上方，如图 2–35 所示。

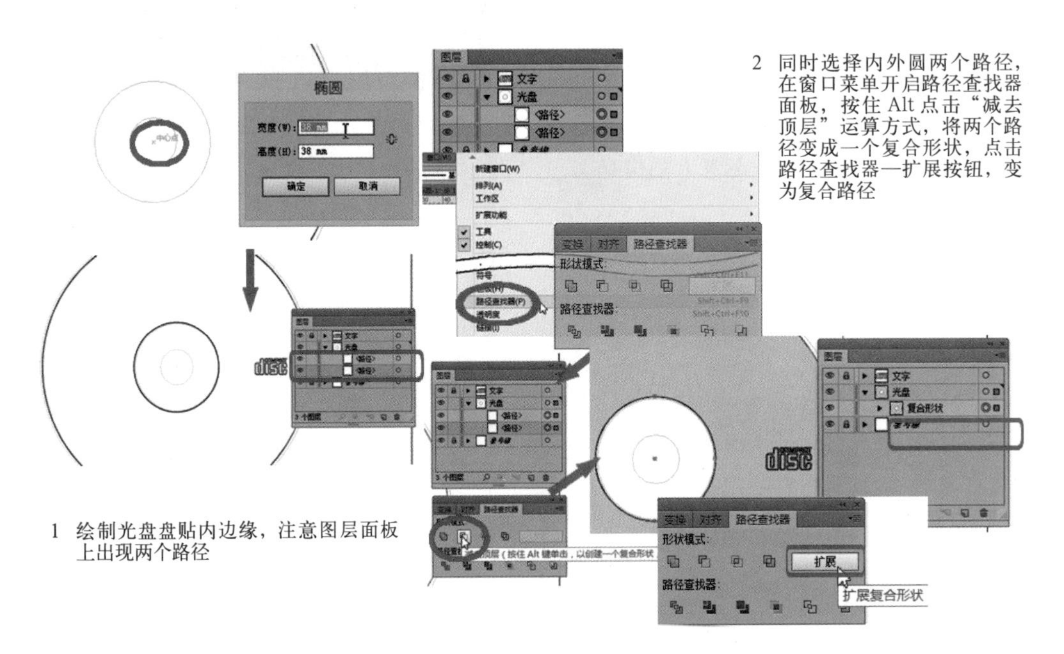

图 2–34 创建盘贴版面空间

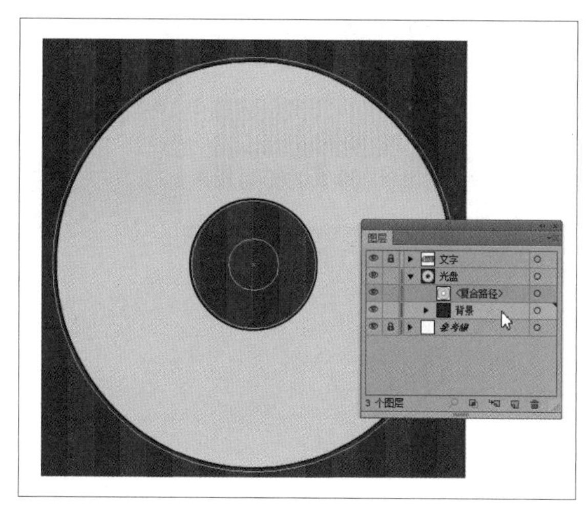

图 2-35　依然延用封面背景，复制背景到盘贴

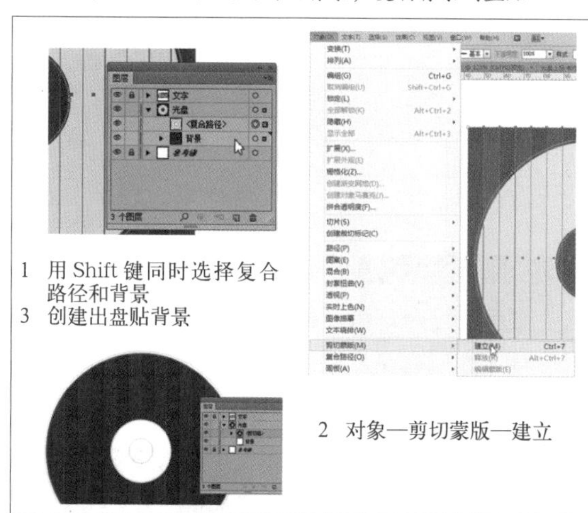

图 2-36　运用剪切蒙版制作盘贴背景

图 2-37　置入与封面相同设计元素，活跃盘贴版面

②创建剪切蒙版。下面要将红绿色条纹背景真正放在盘贴上，我们用到软件中的剪切蒙版。按住 Shift 同时选择复合路径和背景，执行对象菜单—剪切蒙版—建立，就做好盘贴背景了，注意图层名称的变化，如图 2-36 所示。

③置入装饰图像。这里我们还运用相同的设计元素：铃铛和圣诞老人，装饰盘贴空间，通过调整放置位置来活跃版面，如图 2-37 所示。

（4）输入专辑名称。因为光盘是圆形版面，我们考虑文字放置采用相同的圆形路径，这样不会有内容因光盘中间有孔而缺失。用软件中路径文字工具，在圆形路径上放置文字。

先创建两个圆形路径，与光盘外圆同心。为创建方便，可以先将背景层眼睛关闭。再使用工具栏中路径文字工具，分别在两条路径上输入“MERRY CHRISTMAS”和“圣诞歌曲合集”，修改文字样式，字体为华康娃娃体 W5，字号为 28pt，黑色填充，黄色描边 1pt。注意若在输入时出现溢位标记，则需要调整路径长度，如图 2-38 所示。

（5）调整版面其他元素位置。将 DISC 文字图层解锁，放置在版面左侧，并更改文字为白色描边、0.5pt；置入条形码素材图片，放置在 DISC 文字上方（图 2-39）。

（6）光盘盘贴完成效果如图 2-40 所示，保存文件为“光盘盘贴 - 完成 .ai”。

3）制作光盘下标

（1）打开素材中的下标文件“光盘下标及侧面 .ai”。打开图层面板可看到，下标文件是由条形码、下标封面和参考线组成的，这里设计的版面空间是下标

图 2-38 光盘标题用路径文字，放置在圆形版面上

图 2-39 条形码与文字的位置

图 2-40 光盘盘贴完成图

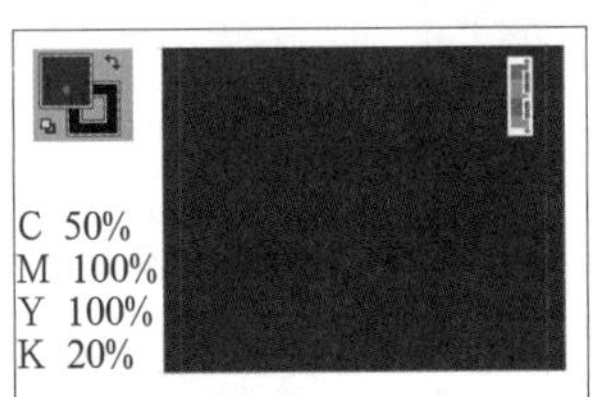

图 2-41 下标背景用相同元素填充

封面这一图层，要放入背景、专辑文字、图像素材等。始终保持鼠标激活下标图层。

（2）置入背景。在保证鼠标选择下标图层的基础上，新建子图层，重命名为“背景”，这里我们用纯色填充光盘下标和侧标，创建一个与光盘下标等大小的矩形，填充与封面相同的深红色（C50%、M100%、Y100%、K20%），如图 2-41 所示。

（3）输入光盘名称。新建图层，输入“MERRY CHRISTMAS”，设置文字样式为黑色填充、黄色描边，2pt，华文娃娃体 W5，字号为 36pt，与上标和光盘盘贴统一，如图 2-42 所示。

（4）创建侧标文字。复制“MERRY CHRISTMAS”图层，将这个图层移到“下标”图层上方，使从图层组中独立出来。设置字体样式为 12pt，描边 0.5pt，并旋转该文字为竖直 90 度；新建图层（在下标图层组外），输入“圣诞歌曲合集”，12pt，华康娃娃体 W5，黑色填充、黄色描边、0.5pt，旋转至竖直 90 度。将这两个图层放置在右侧标处。再同时复制两个文字图层，旋转 180 度，放置在左侧标处，如图 2–43 所示。

（5）置入图像素材。切换回下标图层中，置入素材中的铃铛素材，放置在文字下方右侧，调整大小和角度，使铃铛向右倾斜，如图 2–44 所示。

（6）歌曲曲目名称。执行文件—置入命令，选择素材中的“圣诞歌曲曲目 .txt”文件，单击确定，在版面中拖动文本框，使置入所有曲目名称。更改文字样式为华康娃娃体 W5，12pt，颜色为白色填充、蓝色描边，0.5pt，在字符面板行距中设置 14pt，如图 2–45 所示。

（7）曲目文字与图片排版方式—文本绕排。在 AI 软件中，允许文字围绕图片放置，首先需要满足几个条件：①文字必须是段落文字，即用文字工具先圈出段落再输入或粘贴文字；②文字和所环绕的图像在同一个图层，这里我们需要把刚置入的曲目名称移动到铃铛所在图层中去；③图像必须在文字上方，这里选择铃铛素材，执行对象—排列—置于顶层。满足这三个条件后，就可以让文字环绕图像排布了。按住 Shift 同时选择曲目文字和铃铛图像，执行对象—文本绕排—建立，则会看到文字沿铃铛图像边缘排布，执行对象—文本绕排选项可以更改文字与图案距离，这里设为 2pt，效果如图 2–46。

图 2–42　下标光盘标题，与上标统一

图 2–43　光盘侧标处放入专辑名称

图 2–44　置入图像素材

图 2–45　置入曲目名称，设置字符样式

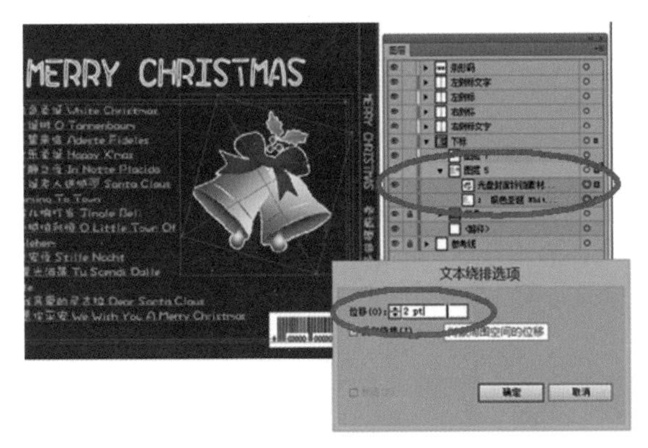

图 2-46 曲目名称和铃铛素材的文本绕排设置

图 2-47 光盘下标及侧标最终效果

（8）下标及侧标制作完成，保存文件为“光盘下标—完成 .ai”，最终制作效果如图 2–47 所示。

技能点 3：制作裁切标记的几种方法

本例中，素材文件已经给出裁切标记了，读者不需要自己再制作。而设计师在平面排版最后都要加上裁切标记。在 AI 软件中，有多种方法制作，下面我们来介绍一下。

◆在文件—打印设置中创建

即使设计师在完稿时不加上裁切标记，印刷输出时也会根据文件尺寸加上。不过如果设计师不明确向印刷厂提出具体的完稿尺寸，印刷厂往往会产生困惑，具体的裁切位置会不确定。使用文件—打印对话框的裁切标记功能，能明确裁切位置，还能加上四色分版印刷所需的对齐标记等（图 2–48）。

图 2–48 打印设置中的裁切标记设置

◆效果菜单中创建

AI 软件在效果菜单中直接有创建裁切标记的命令。方法是，在要打印的区域外面画一个矩形，这里的矩形要设为无描边无填充状态，执行效果—裁切标记命令，于是在矩形外面加上裁切标记。若要编辑裁切标记，需对矩形框执行对象—扩展外观，将其变为可以编辑的路径，用选择工具修改路径即可（图 2–49）。

◆对象菜单中创建

将要裁切的区域外画上矩形方框，执行对象—创建裁切标记，就会出现裁切标记，可以直接拖动进行编辑。

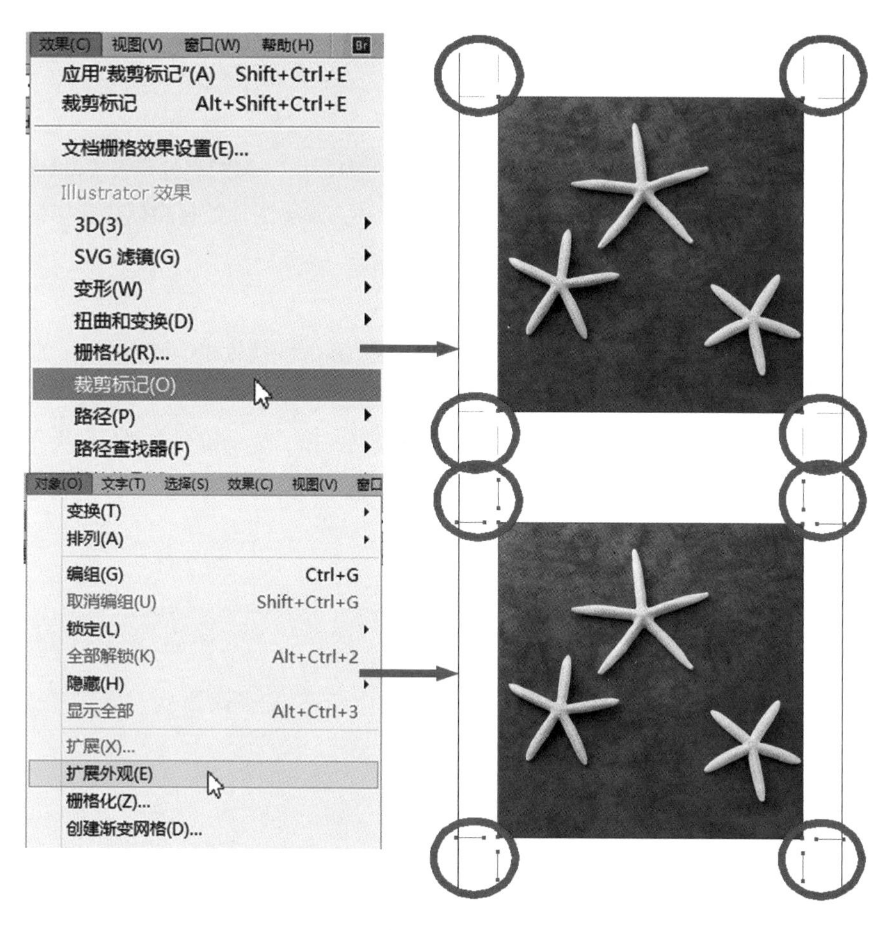

图 2-49　在效果菜单—裁切标记创建

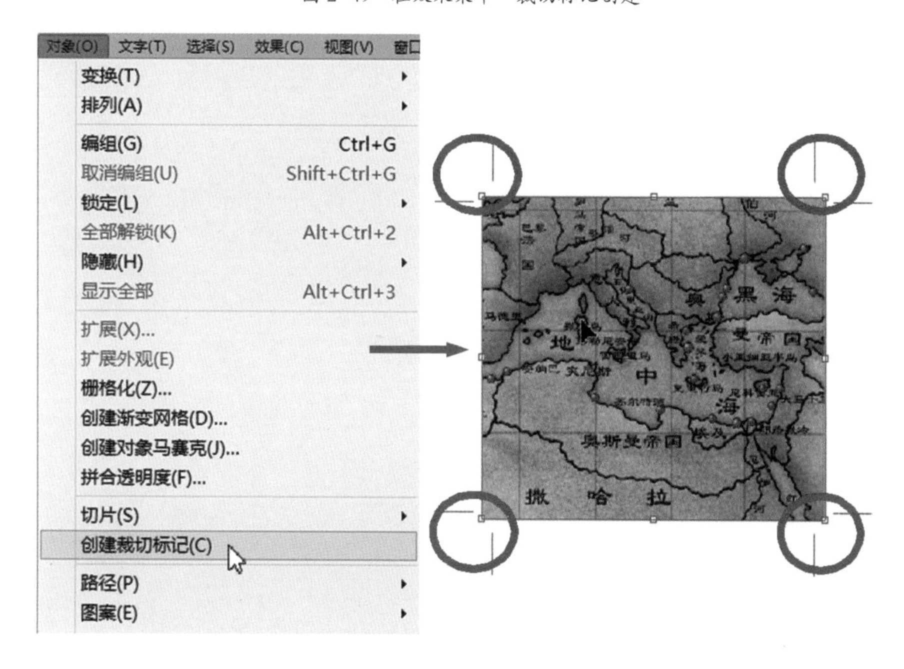

图 2-50　对象菜单—创建裁切标记

以上几种方法都可成功创建裁切标记，供读者在操作软件时自由选用。

项目小结

通过本项目的学习，了解光盘包装的基本结构和一般尺寸，了解光盘包装版式设计的要求，并按照制作实例掌握光盘包装上下标和盘贴的制作方法，掌握图片处理和创建裁切标记的几种方法。

课后练习

1）试着处理几张你电脑中的图像素材，使用剪裁图像、变换色相、调整曲线、应用滤镜等方法。

2）为你的个人作品设计及制作光盘包装与光盘盘贴一份，要求符合真实包装大小，光盘盒为单张放盘，上标和下标齐全。先处理搜集到的素材，保证风格统一、字体一致，再综合运用平面设计软件完成。

项目三　宣传册版式设计与制作

项目任务

本项目通过对宣传册版式设计方法的讲述使学生掌握宣传册设计的基础知识：了解宣传册的功能和分类、宣传册版式设计中的视觉要素；通过某地产楼盘宣传册设计实例了解版式设计构思过程，掌握常用的网格设计法，使用 InDesign 软件完成课上实例和课后练习。

重点与难点

宣传册版式设计视觉要素、网格设计法、运用 InDesign 软件进行宣传册版式设计与制作。

建议学时

8 学时（4 学时讲解基础知识，4 学时实训练习）。

3.1　宣传册版式设计介绍

3.1.1　宣传册的功能与分类

宣传册一般是指那些以纸质材料为载体的、有明确主题或宣传主体的平面视觉表达形式。可以根据宣传册的页数分为宣传单页、宣传折页和多页宣传手册；又可根据不同用途分为企业形象宣传册、产品宣传册、展览宣传册、广告直邮单（DM）等（图 3–1~ 图 3–4）。

其中，宣传单页结构较为简单，一般用于直邮或分发等宣传手段，要求在内容中包含宣传的主体、宣传主题、事件时间地点等要素，往往正反面设计；宣传折页根据宣传内容复杂程度可设计成不同页数，也包含上述要素，往往正反面设计；而对于多页宣传手册，结构上略微复杂些，一般要求有封面、内页、封底，可以视为简化的书籍结构（图 3–5）。

DM 单，是 Direct Mail 的缩写，是指可以直接邮寄的印刷品。一般被商家用来印刷商品促销广告、宣传信息等。请大家在设计 DM 单的时候注意，很多地方对直接邮寄的印刷品有尺寸限制，比如长度、宽度、厚度尺寸相加不大于 90cm，并且长度和宽度尺寸都不大于 60cm。日常生活中常见的 DM 单一般是指单页正反面印刷的直投类广告（图 3–6）。

图 3–1　企业宣传册，包含封面、封底和内页

图 3–2　希尔顿酒店咖啡厅宣传四折页

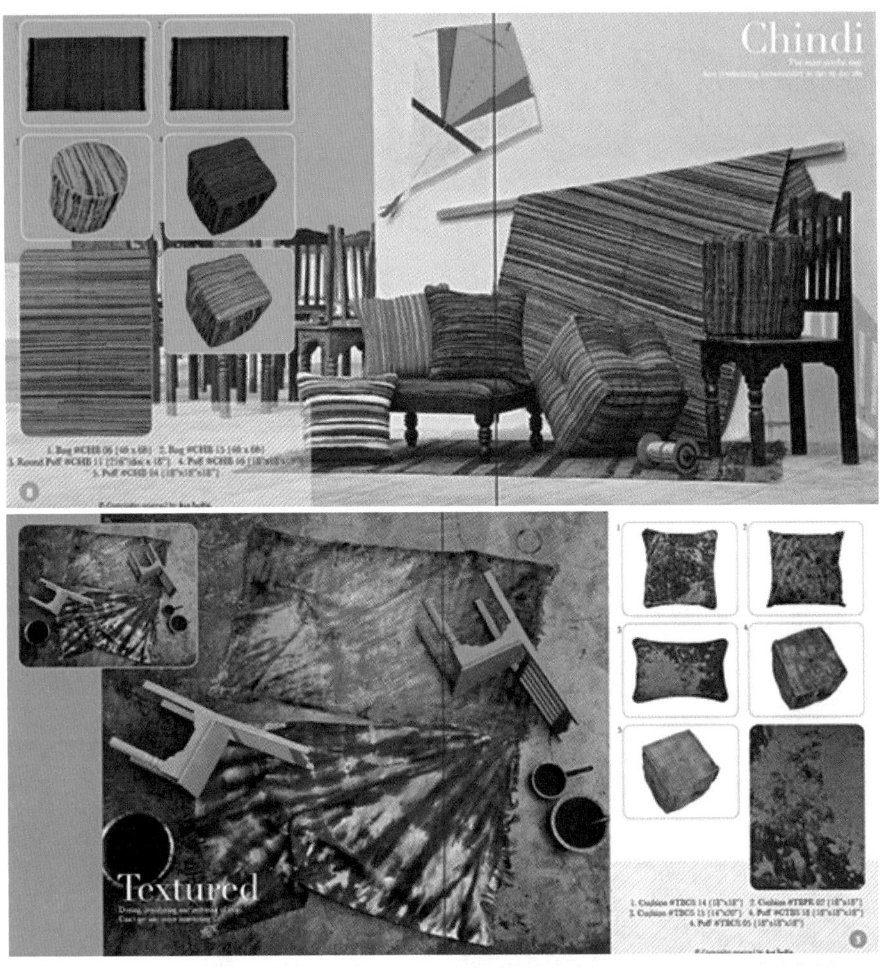

图 3-3 织物品牌宣传折页

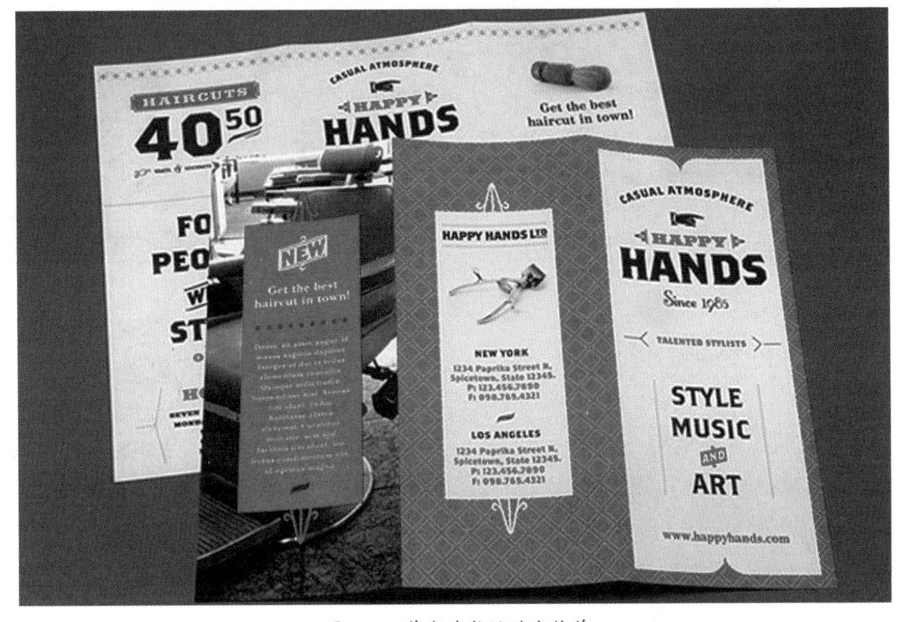

图 3-4 剪发沙龙活动宣传单

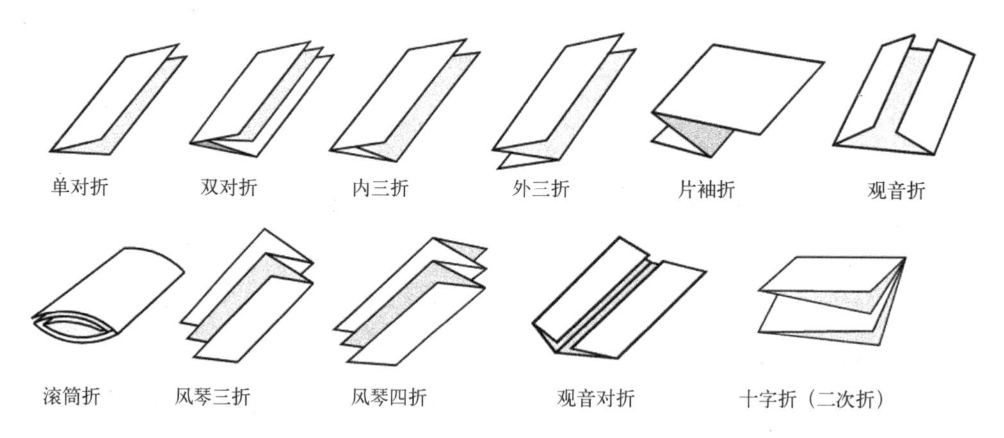

图 3-5 多种折页形式

图 3-6 商场促销 DM 单页正反面

3.1.2 宣传册版式视觉要素

宣传册主要为以企业为代表的被宣传对象服务，因此在设计中必须考虑企业的性质、文化、理念等因素。宣传册又因其特定的宣传主题，要求版式设计精美、形式多样、图文并茂，并能综合运用文字、图形图像、标识标志及色彩等视觉要素达到宣传的广而告之的目的。与其他媒介相同，在设计宣传册版式中，也需要注意以下这些视觉要素。

1）文字

文字是直接传达设计思想的载体，因此首先要具可读性。在宣传册设计中，字体的选择与运用首先要便于识别，容易阅读，不能盲目追求效果而使文字失去最基本的信息传达功能。尤其是改变字体形状、结构、运用特技效果或选用书法体、手写体时，更要注意其识别性。

字体的选择还要注意适合诉求的目的。不同的字体具有不同的性格特征，而不同内容、设计风格的宣传册也要求不同的字体设计：或严肃端庄、或活泼轻松、或高雅古典、或新奇现代。要从主题内容出发，选择在形态上或象征意义上与传达内容相吻合的字体。

在整本的宣传册中，字体的变化不宜过多，要注意所选择的字体之间的和谐统一。标题或提示性的文字可适当地变化，内文字体要风格统一。文字的编排要符合人们的阅读习惯，如每行的字数不宜过多，要选用适当的字距与行距。也可用不同的字体编排风格制造出新颖的版面效果，给读者带来不同的视觉感受（图 3–7）。

2）图形与图像

图形与图像是用形象和色彩来直观传播信息、观念及交流思想的视觉语言，它能超越国界、排除语言障碍并进入各个领域与人们进行交流与沟通，是人类通用的视觉符号。

在宣传册设计中，图形图像的运用能够引起观者的注意，好的图形图像能够准确传达设计思想。不仅如此，图形图像还能引起观者的好奇心，从而将视线移至版面的文字上，完成整个设计思想传达的过程。

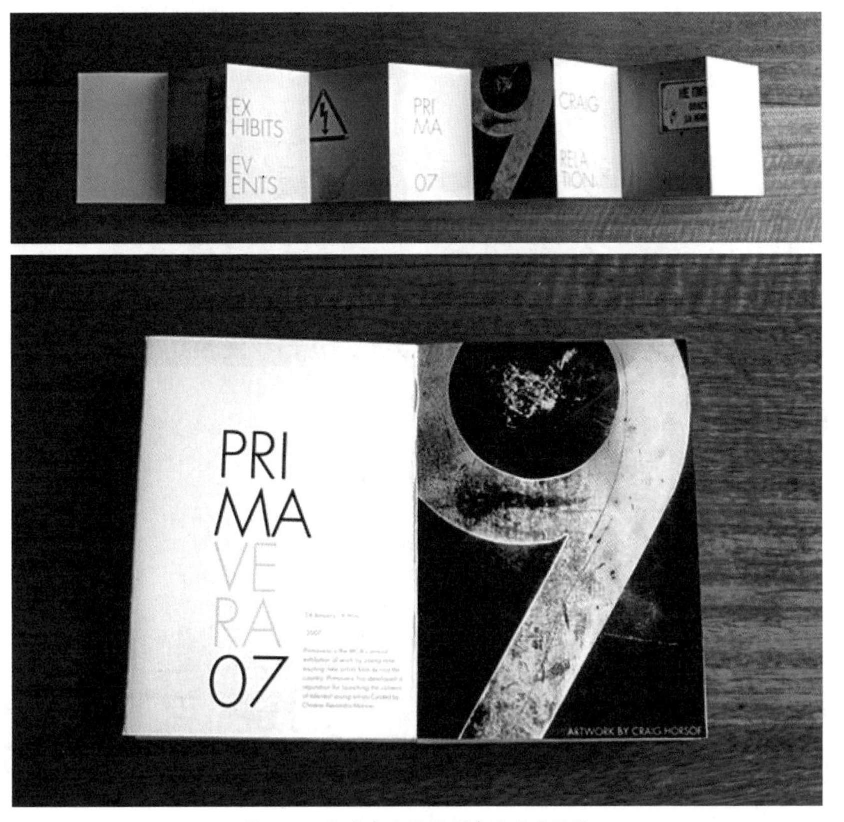

图 3–7　文字在宣传折页中的版式设计

图形图像可以分为具象和抽象两大类。具象的图形表现客观对象的具体形态，以直观的形象真实地传达物象的形态美、质地美、色彩美等，容易从视觉上激发人们的兴趣与欲求，从心理上取得人们的信任。设计师常运用摄影等手段获得真实的图片，并通过精美的版式设计制作给人带来赏心悦目的感受。因为这些特点，具象图形在宣传册的设计中被大量应用（图 3–8）。

抽象图形运用非写实的抽象化视觉语言表现宣传内容，是一种高度理念化的表现。在宣传册设计中，抽象图形的表现范围是很广的，尤其是现代科技类产品，因其本身具有抽象美的因素，用抽象图形更容易表现出它的本质特征。此外，对有些形象不佳或无具体形象的产品，或有些内容与产品用具象图形表现较困难时，采取抽象图形表现可取得较好的效果。在设计与运用抽象图形时，抽象的形态应与主题内容相吻合，表达对象的内容或本质。另外，要了解和掌握人们的审美心理和欣赏习惯，加强针对性和适应性，使抽象图形准确地传递信息并发挥应有的作用（图 3–9）。

具象图形与抽象图形具有各自的优势和局限，因此，在宣传册设计的过程中，两种表现方式有时会同时出现或以互为融合的方式出现，如在抽象形式的表现中突出具象的产品。设计时应根据不同的创意与对象采用不同的表现方式。

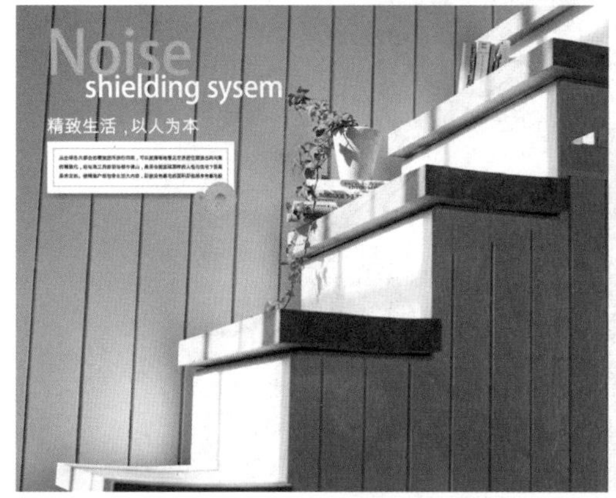

图 3–8　某地产品牌宣传册内页——具象图像应用

3）色彩

在宣传册设计的诸多视觉要素中，色彩是一个重要的组成部分。它可以制造气氛、烘托主题，强化版面的视觉冲击力，直接引起人们的注意与情感上的反应。

宣传册的色彩设计应从整体出发，注重各构成要素之间色彩关系的整体统一，以形成能充分体现主题内容的基本色调；进而考虑色彩的明度、色相、纯度各因素的对比与调和关系。设计者对于主体色调的准确把握，可帮助读者形成整体印象，更好地理解主题。

在宣传册设计中，运用商品的象征色及色彩的联想、象征等色彩规律，可增强商品的传达效果。不同种类的商品常以与其感觉相吻合的色彩来表现，如食品、电子产品、化妆品、药品等在用色上有较大的区别；而同一类产品根据其用途、特点还可以再细分。如食品，总的来说大多选用纯度较高，感觉干净的颜色来表现，如红、橙、黄等暖色能较好地表达色、香、味等感觉，引起人的食欲；咖啡色常用来表现巧克力或咖啡等一些苦香味的食品；绿色给人新鲜的感觉，常用来表现蔬菜、瓜果；蓝色有清凉感，常用来表现冷冻食品、清爽饮料等。

总之，宣传册色彩的设计既要从宣传品的内容和产品的特点出发，有一定的共性，又要在同类设计中有独特的个性。这样才能加强识别性和记忆性，达到良好的视觉效果。

4）编排

需注意的是，宣传册的形式、开本变化较多，设计时应根据客户要求和宣传内容等不同的情况区别对待。

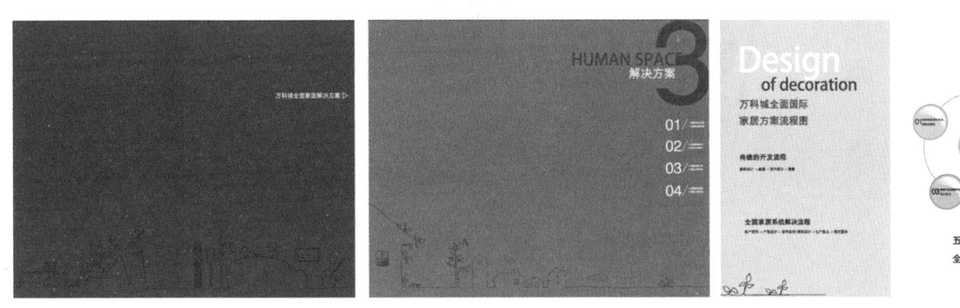

图 3-9　某地产品牌宣传册内页——抽象图像应用

图 3-10　宣传册主色运用商品色彩—咖啡宣传册色彩设计

页码较少、面积较小的宣传册，在设计时应使版面特征醒目；色彩及形象要明确突出；版面设计要素中，主要文字可适当大一些。

页码较多的宣传册，由于要表现的内容较多，为了实现统一的风格，在编排上可以使用网格结构；要强调节奏的变化关系，保留一定量的空白；色彩之间的关系应保持整体的协调统一（图 3–11）。

图 3–11 日本旅游宣传册版面设计

3.2 宣传册版式设计分析与赏析

下面通过分析与欣赏两例宣传册版式设计实例，加深对宣传册版式设计元素排布的规律认识。

实例 1：清新风格折页设计

图 3–12 是一份设计清新的宣传折页，看似是一张纸片折成，却暗含了设计者的精心设计。设计者用深浅两种色调区分版面，两色交界处刚好是折叠的位置，将折痕巧妙地隐藏起来。同时，色彩区分还暗示宣传内容的不同，深色区域是整体内容介绍，浅色部分则是详细的鸟类说明。

宣传册中的文字从标题到正文都选用相同的字体，通过字号和文字色彩的不同来区分不同内容。左侧采用图文环绕版式；右侧的鸟类介绍部分，文字集中在一起类似索引结构，鸟类图像采用退底手法，版面规整又不失变化。

实例 2：网格法在版式设计中的应用实例

图 3–13 是几份 DM 单版式设计的案例，通过观察这三份诉求不同的直邮单可以发现一个版式设计规律，即在纵向排布的版面上，内容被分格放置，这便是我们后面要讲到的网格设计法的应用。并且，这三份设计都不约而同地先在顶层放置标题吸引人的注意，然后运用网格化拼接图片展示场景细节（其中第三份是某产品的局部放大图），在版面的最下部放置相关的文字信息。

这样排版的好处是，版面较为规整，整体性强，同时比较简洁。在色彩运用上，第一张用近似色系统一版面，第二张用单一浅色背景统一版面，而第三张用红色黄色色块区分内容层次，并在标题中用红黄色与下文呼应。这里运用色彩起到对版面进行统一与分割的作用。

知识点：版式设计常用方法——网格（Grid）设计法

◆网格法介绍

网格设计法又称为网格规划法，是平面设计特别是版式设计中常用的一种划分版面的方法。是指用水平或竖直的分割线对版面，特别是版心（版心是页面中主要内容所在的区域，即每页版面正中的位置）进行划分，形成版式设计的基本骨架，设计师根据版式网格向版面

图 3–12　宣传册设计赏析例 1

图 3–13　宣传单页设计赏析例 2

中填入丰富的设计元素（如图片、文字等），使版面内容既丰富又有秩序感。

网格设计法最早来自于建筑设计，其特点是严格运用数字的比例关系，通过严格的计算划分区间。传统的网格设计法在实际运用中具有科学性、严谨性，但在现代版式设计中显得较为呆板。

a. 黄金分割法

黄金分割法又称黄金律，是古希腊人发明的一种几何学公式。最著名的黄金比例是 1 ∶ 1.618 的长宽比。传说它是根据人体各处平衡等自然界常见的比例总结归纳而得到的。设计师们可以应用这一数值合理安排版面空间，将其作为版面划分的基准比例。

例如，图 3–14 是一幅照片的剪裁图，在考虑剪裁后照片的长宽尺寸时，可以参考黄金比例将长宽比近似裁剪为 0.618。

长宽比大于黄金比例
稳定感

黄金比例
最佳比例

长宽比小于黄金比例
纤细感

图 3–14　黄金比例在照片剪裁中的应用

b. 现代派网格法

计算精确的网格法固然保证了版面的整齐划一，但在现代平面设计中也限制了版面的设计思路，使得内容迁就于网格，而不是网格服务于内容。到 20 世纪初期，受现代派设计思想的影响，很多设计师认为传统的网格体系已经不能满足现代信息传递的需要，于是一些人提出了前卫的、理性的现代派网格设计理念。现代网格不同于传统的网格对页面区域的严格划分，而是为版面排布提供了一定的自由度。比如图片，传统的网格要求图片的高度和宽度必须符合网格系统，而在现代网格设计中，图片的宽度和高度只要求二者之一符合就可以，允许有变化的区域。现代派网格对页面的划分可以适应更多的信息内容和设计要求。

在进行版式设计时，是否一定要套用网格框架，是根据作品内容灵活掌握的，不能生搬硬套地使用网格法。如摄影与绘画作品本身有各种规格，若单纯为了网格而剪裁，就会破坏素材本身的美感。这时不宜考虑以素材加扩展网格法的底图（即将素材作为网格的一部分）再进行版式应用。

◆网格设计法一般应用步骤：

a. 确定页面尺寸；

b. 确定版心位置及大小；

c. 划分网格，注意间距和分栏；

d. 根据网格放入内容，或依据网格扩展放入内容。

◆网格设计法的运用范例

a. 在版式设计中，若遇到信息重要程度相当、无需区分版面空间大小的时候，可以考虑使用平均网格，这样的排布也可看作是重复手法的运用（图 3–15）。

b. 对页网格，可看作对称法的应用（图 3–16）。

c. 网格的变化应用。图片、文字打破网格的限制，可对齐方格的任何边界，增加版面灵活性，注意留白处理。图 3–17 中，左页用小方格占据版面小部分面积，可灵活在其中放置图片等信息，右页的分栏被整张图片覆盖，使左右对页处于面积上的对比，左页圆形内放置页码。

图 3–18 中，考虑文字与图片的位置，左页增加一幅图片，下面是文字说明，右页中，分栏原本是为文字设置的，但不刻意使用分栏的边界，而是不等比例超出边界放置文字。页码放置在右页中，起到平衡的作用。

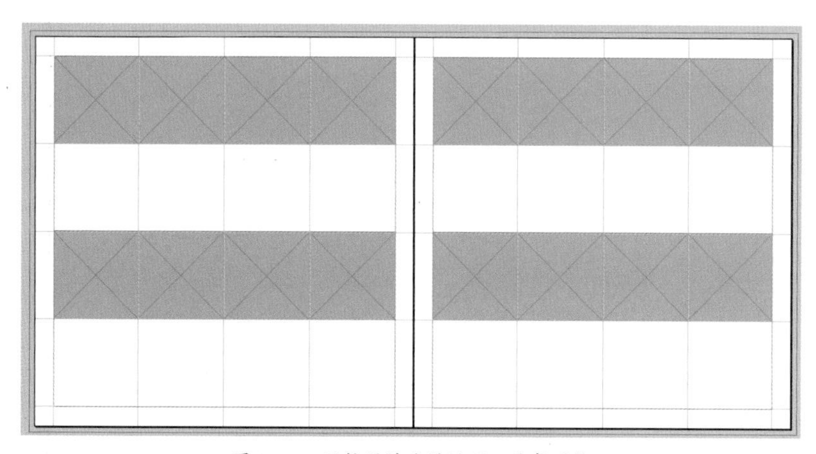

图 3–15　网格设计法的运用—重复网格

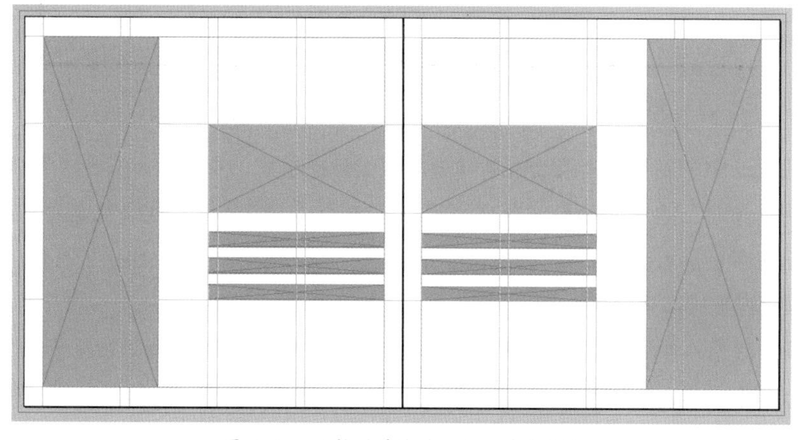

图 3–16　网格设计法的运用—对称页面

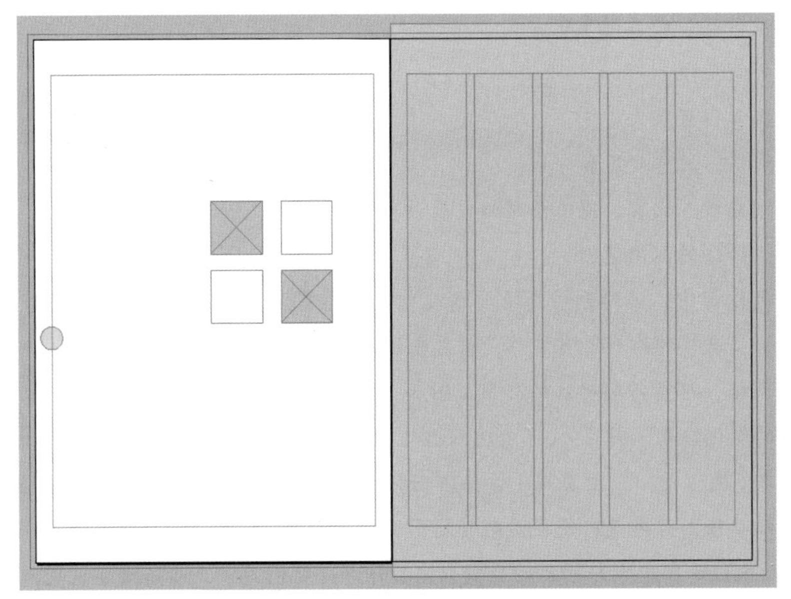

图 3-17 网格的变化应用—左页中 4 个方框可选择性地放置图片，右页图片打破分栏的限制

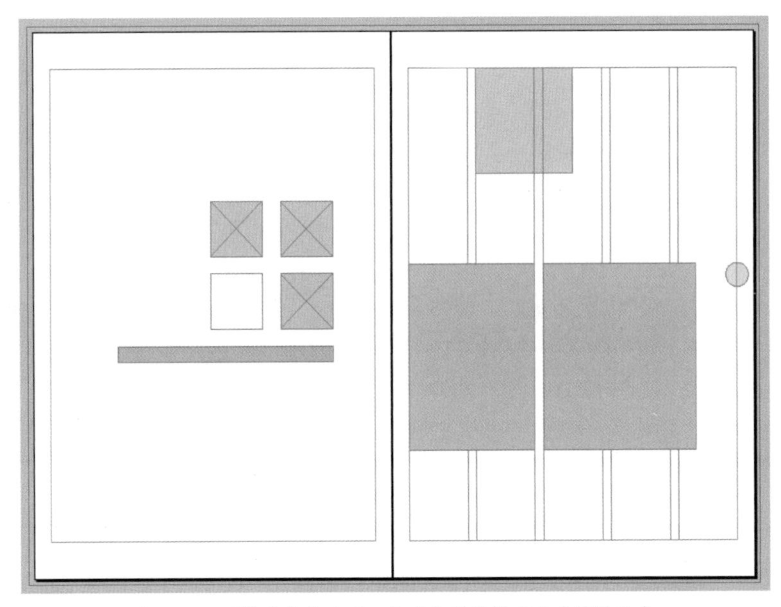

图 3-18 网格的变化应用—文字与图片排布冲破网格约束

d. 版式设计中，还可以利用线条来体现网格设计的思想。虚线表示分割，而实线表明关联（在运用线条时，注意线条粗细与文字粗细的关系，一般来说，线条比文字的线宽要细，因为要突出文字是信息传达的重点）。在图 3-19 中，虚线围成的区域独立于页面中，实线则将左右页面内容连接起来。

网格设计法是一种简便易用的版面设计方法。它不仅可以起到规范排布位置的作用，灵活运用版面分割还可以活跃版面气氛，增加变化，更适合现代平面设计的要求。设计师要根据版面内容（文字、图片）灵活使用网格设计法，又不拘泥于版面网格，创作出多样的版面形式。

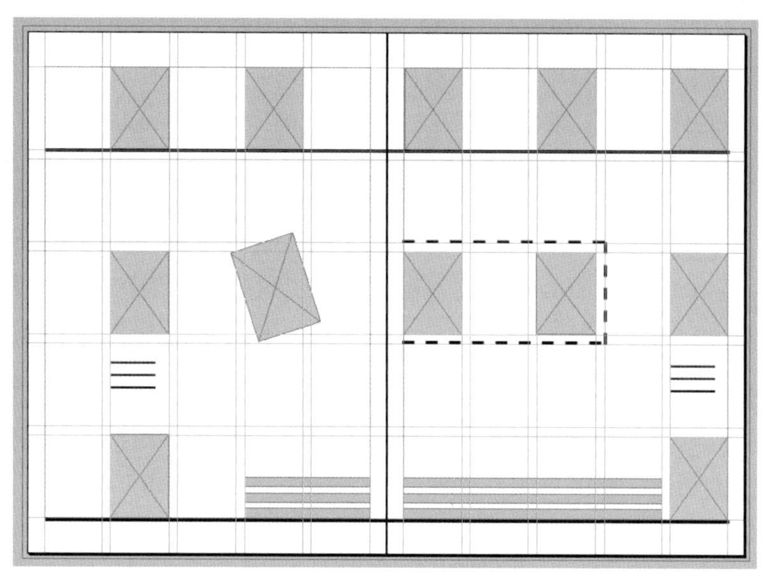

图 3-19　用虚线实线体现网格划分

3.3　宣传册版式制作实训：地产楼盘宣传册的版式设计与制作

进行设计之前，对于设计师最为重要的工作是充分与客户沟通，了解客户或委托人的设计意图及对宣传册的具体要求。这些客户提供的具体信息（如公司常用的色彩方案、具体的产品信息、需要营造的气氛、表达公司的某种诉求等）都会限制这本宣传册的设计，当然也会提供给设计空间，使设计师更有的放矢。

3.3.1　设计构思

在进行本例设计制作之前，首先要对整个宣传册的主题颜色、主页模板、段落样式、文字样式甚至对象样式进行定义，再利用相应的样式面板分别应用到宣传册每页中去，这样能够保证整本册子有统一的风格。

1）页面规格：本例宣传册展开尺寸为 370mm × 260mm 大小，正反面印刷，共 12 个页面。起始页面作为手册封面，最后页面作为封底，有相同的设计风格；并且在 InDesign 软件中，一个对页是连续放置的，即两个相邻页码可以同时制作。

2）主题颜色设计：结合企业和品牌的 VI 系统，在进行该楼盘宣传册设计时先选定主题颜色和三种配色，在不同页面模块中应用不同主题色 + 配色。分别是：

（1）主题色：采用楼盘标志色 BC8962（C7、M41、Y52、K27）。

（2）配色：红色 CA0726（C10、M100、Y85、K10），
白色（C0、M0、Y0、K0），
黑色单色（K100）（图 3-20）。

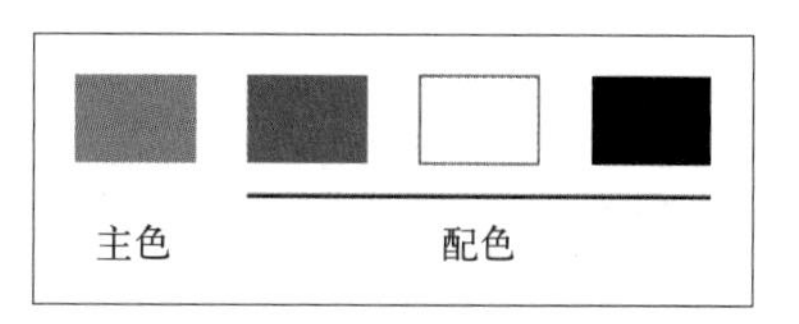

图 3-20　主色与配色方案

3）段落及文字样式设计：根据页面大小，对于页面中文本信息设计段落和文字样式如下：

（1）行间距：1 倍行宽；

（2）字体：标题使用 Adobe 楷体标准、正文使用黑体、副标题使用 Adobe Caslon Pro 标准（可在素材 / 字体文件夹中找到字体安装在系统中）。

本例所有素材都可以在光盘中项目三　宣传册设计制作范例文件 / 素材文件夹中找到。

3.3.2 软件实现

下面以某地产楼盘宣传册设计为例，介绍使用 InDesign 软件制作宣传册流程（本例使用的是 Adobe InDesign CC 版本，读者可自行选用该软件不同版本）。

1）创建文件，设置文件规格参数。启动 Adobe InDesign 软件，执行文件—新建—文档命令，在新建文件对话框中选中“打印”选项，设置页数为“12”，起始页码为“1”，设置页面大小为宽度 185 毫米，高度为 260 毫米（注意：370 毫米为册子展开尺寸，因此单页应为 185 毫米），对页，页面方向为纵向，出血设置上下内外均为 3 毫米。单击“边距和分栏”按钮，开启设置对话框，其中上下内外边距都设置为 10 毫米，其他参数不变，单击确定按钮，如图 3–21 所示：

创建好后，在窗口菜单中打开“页面”面板（快捷键 F12），通过面板查看是否是指定的页面数（图 3–22）。

2）设置文档尺寸单位。由于所制作的册子有尺寸要求，版面中部分元素也有定位要求，因此先要将系统的尺寸单位进行设定。执行编辑菜单—首选项—单位和增量命令，打开单位和增量对话框，设定标尺单位中水平和垂直单位都为“毫米”，保持其他选项不变，单击

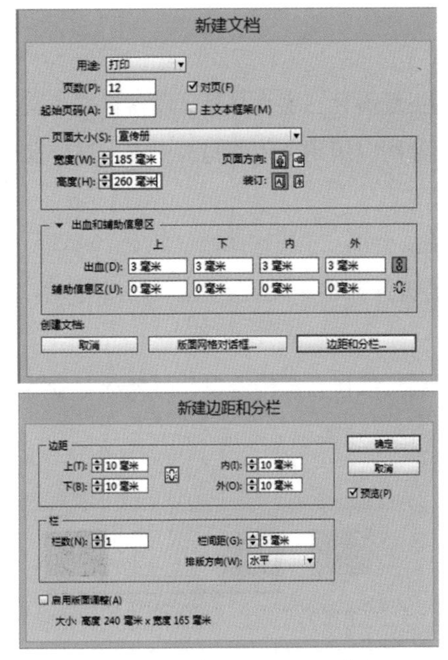

图 3–21　新建文档设置页面参数

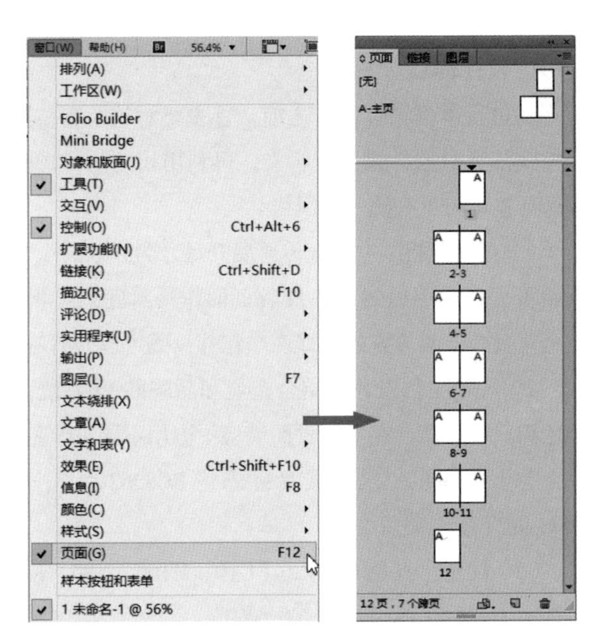

图 3–22　查看页面面板，确定页数准确无误

确定（图 3–23）。

3）显示参考线。在制作规范的文档中，经常遇到需要对象对齐的情况，这时使用版面辅助工具就可以非常方便地实现对象对齐。参考线在制作本例中很重要，它不会被打印出来，但可以帮助文档对象对齐到合适的位置。执行菜单视图—网格和参考线—显示参考线，同时选中“智能参考线”。在视图菜单中，还应该选择“显示标尺”。这些辅助工具都对对象位置布局有帮助作用（图 3–24）。

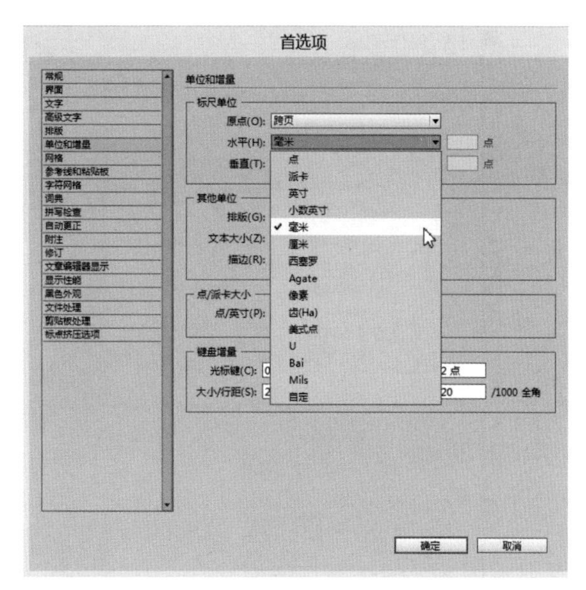

图 3–23　设定文档尺寸单位为毫米

技能点 1：标尺参考线的运用

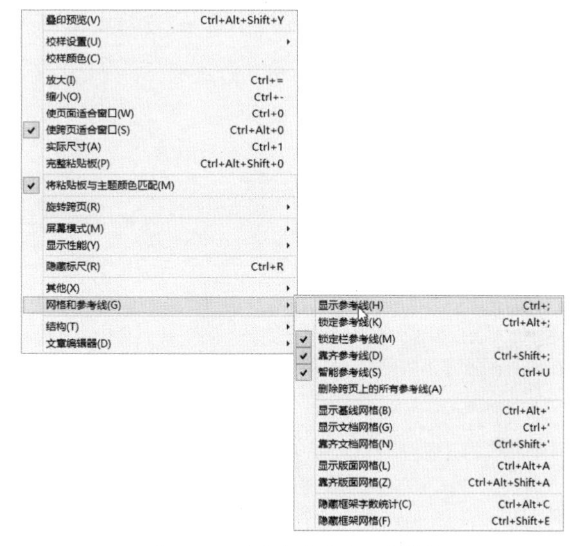

图 3–24　开启文档标尺和参考线

Adobe InDesign 是一款专业的排版软件，在该软件中，参考线是重要的排版辅助工具，它可以帮助设计师严谨地安排各种元素的位置关系。学会运用标尺参考线划分版面、安排元素位置是操作软件的基本技能。这里介绍标尺参考线的使用方法。

◆开启标尺和参考线可见：要使用标尺参考线，首先保证界面中“标尺”和“参考线”都是可见的状态，并在“正常视图”查看文档，而不是“预览”模式。开启“视图”菜单，检查下方“显示标尺”选项及“网格和参考线”中是否有“隐藏参考线”字样，若有，则证明参考线是显示状态（图 3–25、图 3–26）。

◆创建标尺参考线：标尺参考线分为两种。

a. 页面参考线：只在创建参考线的当前页面上显示；

b. 跨页参考线：此参考线可以跨越所有页面，也显示于页面边缘剪贴板上。较常用于杂志、书籍等以跨页形式存在的文档，使左右跨页上元素位置对齐。

创建标尺参考线的方法如下：

c. 创建页面参考线：确保当前使用选择工具，将鼠标指针放置在水平或垂直标尺的内侧，然后拖拽到单页或跨页需要放置参考线的位置上。注意鼠标释放时一定停止在页面中，则创建出页面参考线，如图 3–27 所示。

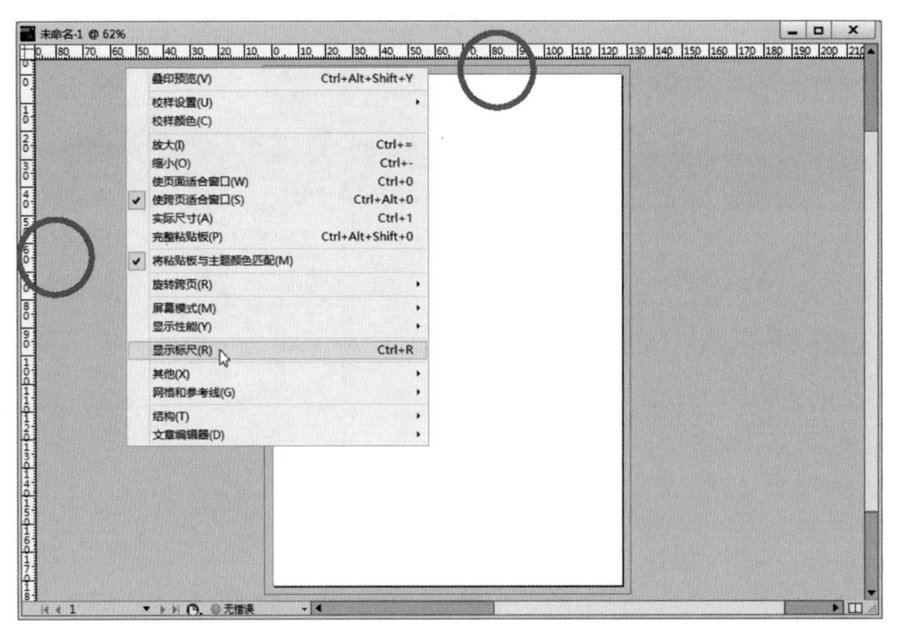

图 3–25　通过视图菜单，开启标尺

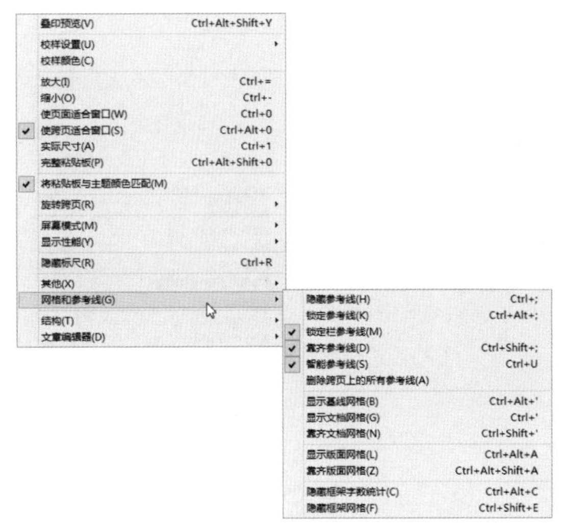

图 3–26　检查“视图”菜单—“网格和参考线”—“隐藏参考线”选项，若存在，说明当前开启了参考线显示

d. 创建跨页参考线：与创建页面参考线的区别在于，鼠标最后停止的位置是跨页边缘的剪贴板上。若剪贴板因显示比例原因不可见，则按住 Ctrl 键再拖拽到需要的位置上，如图 3–28 所示。

e. 若要精确创建跨页参考线，则在水平或垂直标尺上精确定位后双击鼠标，则自动创建跨页参考线；若要参考线与标尺某刻度对齐，则在标尺上双击鼠标同时按住 Shift 键。

f. 同时创建水平和垂直参考线的方法：按住 Ctrl 键并从跨页标尺的原点（刻度为零处）拖拽鼠标；先释放鼠标后释放 Ctrl 键则创建跨页参考线；先释放 Ctrl 键后释放鼠标则创建页面参考线（图 3–29）。

◆调整标尺参考线位置：标尺参考线创建好后，若觉得位置不理想，可以使用选择工具进行调整，具体方法如下：

a. 要移动多个标尺参考线，按住 Shift 键并选中要移动的几条参考线，然后一同拖拽；

b. 要精细调整参考线位置，可配合使用键盘上、下、左、右箭头键；

c. 要将参考线与标尺刻度对齐，按下 Shift 键并拖拽该参考线；

d. 参考线可以在不同文档间以复制粘贴方式移动过去，如要将某参考线移动到其他文档，

图 3–27　创建页面参考线，鼠标停止的位置在页面上

图 3–28　创建跨页参考线，鼠标停止的位置在页面边缘的剪贴板上

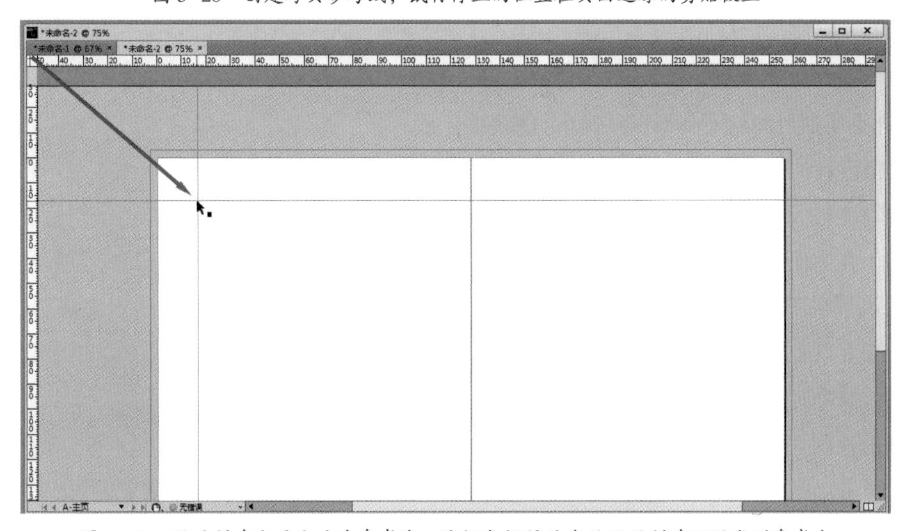

图 3–29　同时创建水平和垂直参考线，依据鼠标释放先后不同创建不同类型参考线

则选中该参考线，执行编辑—复制，到另一文档执行编辑—粘贴即可。

参考线是制作中重要的辅助工具，一定要学会使用参考线的设置方法。

4）保存文件。执行文件菜单—存储为命令，打开对话框，选定文件位置，设置文件名为“地产楼盘宣传册”，选择软件默认格式 .indd，点击确定。在整个制作过程中，请随时注意保存。

5）封面封底的设计与制作。

（1）设置封面封底为对页。本例因封底封面设计风格一致，色彩一致，在 ID 软件中，可利用页面跨页的优势同时制作封底封面。因此先要重新设置页码。

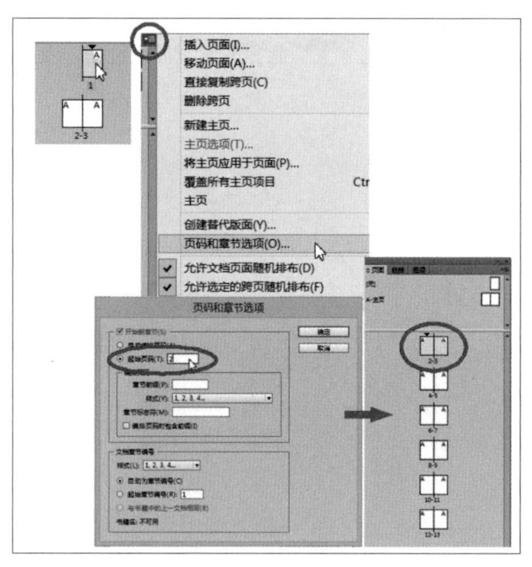

图 3-30　设置前，默认情况下，第一页为右对页，调整初始页码数值为 2，使得封面封底在同一跨页上

软件默认情况下，对页文件的第一页总为右对页（请观察页面面板），要让封底封面成为一个跨页，需要将第一页设为左对页。在页面面板中点击第一页，使之成为淡蓝色显示，从面板菜单中选择“页码和章节选项”，设置“起始页码”为“2”，单击确定。可见，在页面面板中，页码 2 和 3 为第一个跨页，即可作为封面与封底的页面。同时可发现页码数字都增加了一页，最后一页为 13 页（图 3-30）。

然后分别拖动页面面板上方隔栏中主页为“无”的空白页面到下方的第二页和第三页处，这样手册的封面封底将不用任何主页模版，可以自由设计，与模板无关。

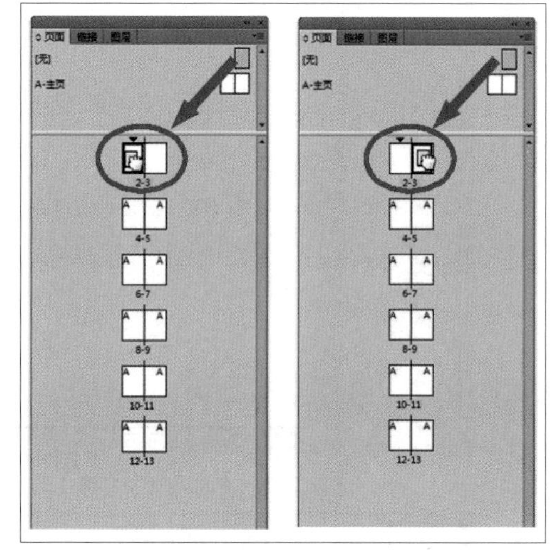

图 3-31　封面封底不设置主页样式

保存文件（图 3-31）。

（2）在封面封底中置入文本与图形。

①执行视图菜单—使跨页适合窗口命令，跨页就能完全显示在工作区中。在视图中可见页面周边有红色方框，这是之前设置的出血框，供文件印刷剪裁使用。我们这里创建的文本框及图形框都要做到出血框大小位置，这样剪裁时才不会出现白边。

点击视图左侧工具栏中矩形框架工具按钮 ☒，拖动鼠标左键创建一个矩形框，使矩形框与整个跨页出血框同大小。保持该矩形框架的选中状态（周围有 8 个白色调节方块出现），开启窗口菜单—颜色—色板面板，分别选择填充色为纸色，边框为 [无]（图 3-32）。

②开启窗口菜单—图层面板（或快捷键 F7），将图层 1 重命名为“封面封底背景色”，这一层是刚创建的纸色矩形框架；创建一个新图层，重命名为“Text”，这一图层放置宣传册的文本；再创建一个新图层，命名为“Logo”，放置企业和楼盘的标志；同样方法，再创建名为“联系方式”的新图层，放置项目楼盘的地址和联系方式。后面钢笔所在位置表示当前激活的图层，请随时注意钢笔位置，所有当前创建的对象都会被放在有钢笔标记的图层上（图 3–33）。

③设置对象位置—从标尺中拖出参考线。先选择背景色图层。

水平参考线：点击工具栏中的选择工具，按住键盘上的 Ctrl 键（保证跨页上显示参考线，若只需一页上显示参考线，则不按住 Ctrl 键），从页面顶部的水平标尺中拖出水平参考线，页面中出现参考线时，鼠标变成上下箭头，同时显示其 Y 坐标值，放置在 Y 值为 60 毫米处松开鼠标和键盘（或者，在页面顶部选项栏中输入 Y 值为 60 毫米，也可固定该参考线位置）。此参考线用于放置副标题（图 3–34）。

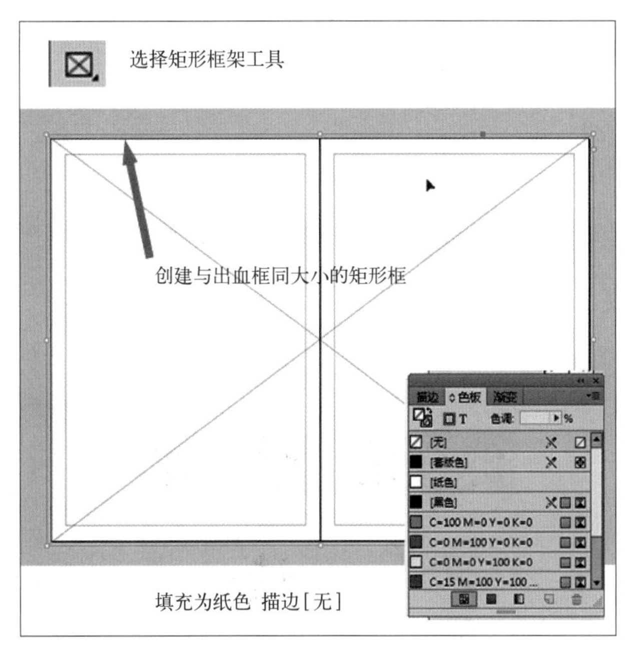

图 3–32　创建封面封底矩形框架，填充为纸色，边框为无

图 3–33　在图层面板中分别创建和命名不同图层，为封面封底内容做准备

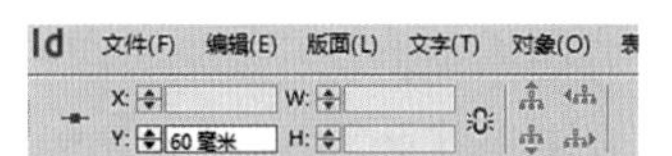

图 3–34　选项栏中参考线数值

同样方法，再拖出几条水平参考线，使其 Y 值分别为 85 毫米、190 毫米、230 毫米，分别用于放置主标题、副标题、楼盘 Logo、Logo 装饰线等对象。在第 2 页中，单独拖出 Y 值为 115 毫米的参考线，放置封底对象。设置好参考线的封面封底如图 3–35 所示。

④创建文本对象。

切换到 Text 图层。将文本对象放在这个图层上，确认这个图层后显示钢笔符号。

在第 3 页上找到第 1 条水平参考线，选择工具栏中文字工具 T，拖出文本框，使文本框下边缘贴紧第 1 条参考线，在文本框中输入“FIRST COMMUNITY IN JINNAN”副标题，接着在第 2 条参考线处拖出新文本框，输入“价值读本”，为该宣传册主标题。

⑤设置文本样式。

选择文本框架，单击四次以选择框架内所有文本。

开启窗口菜单—文字和表—字符面板，设置“FIRST COMMUNITY IN JINNAN”字符样式为 Adobe Caslon Pro，字体大小为 14 点，在选项栏中选择“居中对齐”。使用选择工具点击文本框架，右键菜单—适合—使框架适合内容，于是框架就自动调整到文字边缘大小。确保视图菜单—网格和参考线—智能参考线开启着，移动文本框架，直到中间出现荧光色对齐示意线，表明此时位置与页面中央对齐。在选项栏中找到“居中对齐”（如图 3-36 所示），此时文本在文本框架内上下左右都居中对齐了。

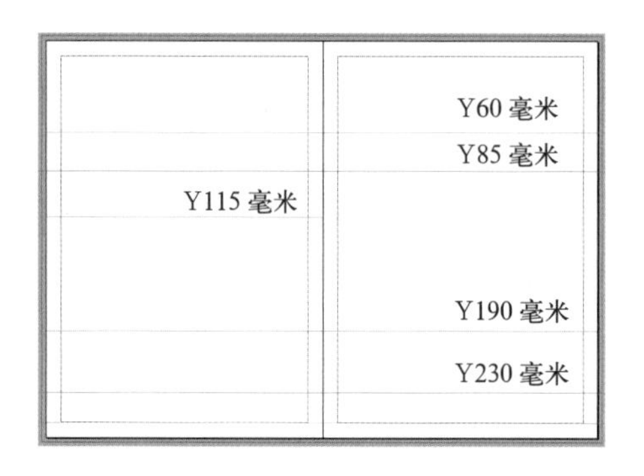

图 3-35　设置好参考线的封面封底

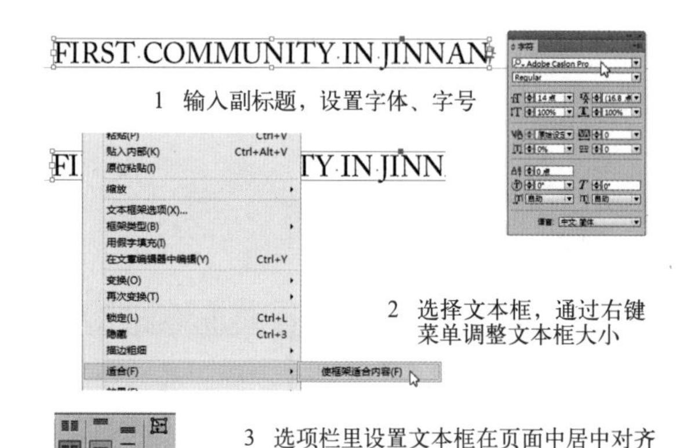

图 3-36　为副标题设置文本样式

设置“价值读本”字符样式为 Adobe 楷体，字符大小为 36 点，字符间距为 700，选项栏中选择“居中对齐”，其他不变。与上面同样方法，调整“价值读本”的文本框大小为适合内容，并居中对齐（图 3-37）。

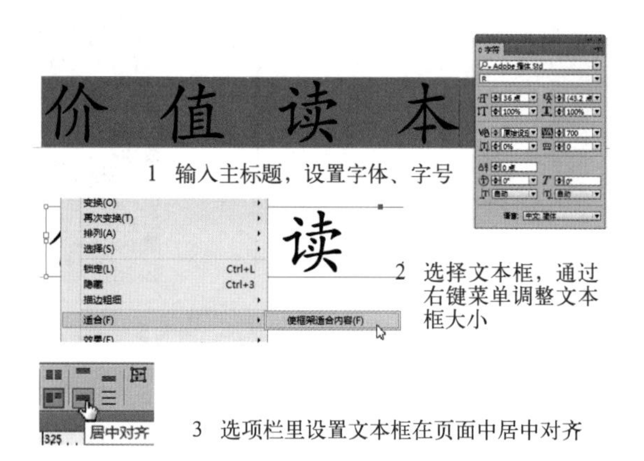

图 3-37　为主标题设置文本样式

⑥切换到 Logo 图层。置入封面滨河湾 Logo 对象。

这里用到的 .ai 格式的素材，由于 Adobe 软件之间支持复制粘贴功能，因此可以直接在 Illustrator（以后简称 AI）软件中复制这些路径，再在 ID 中粘贴并编辑。启动 AI 软件，打开素材文件夹中的“滨河湾 logo 中英文 – 封面 .ai”文件，选择 Logo 全部路径（注意不要有落下的路径，以免图形不全，可以使用圈选或在图层面板中点击选取），复制路径，切换到 ID 软件中，粘贴。调整 Logo 位置和大小，让 Logo 的下边缘贴紧水平 190 毫米参考线即可，并与上面标题居中对齐，如图 3-38 所示。

⑦在色板面板设置专色，给封面 Logo 赋予楼盘标志色。选择楼盘 Logo，在工具栏中填色 /

描边面板中双击填色选项开启拾色器，输入楼盘标志色色标数值，点击“添加 CMYK 色板”，这样以后再使用这种颜色就不用每次输入色标，而直接在色板面板中点选即可。在色板面板选项中为这种颜色命名为“楼盘标志色”，点击确定，该颜色就出现在色板中（图 3–39）。

⑧置入企业 Logo 和滨河湾项目标志。这里我们用另一种方法置入素材文件。我们注意到在素材文件夹中还有一种类型的 tiff 文件，比如“仁恒置地及滨河湾标志 – 封底 .tif”，这样的文件若要应用到 ID 软件中，可以执行文件菜单—置入命令。依然保证当前选择的图层是 Logo 图层，执行文件—置入命令，选择“仁恒置地及滨河湾标志 – 封底 .tif”文件，在左侧页面（页面 2）单击鼠标，便置入和原图形等比例的文件。调整置入文件大小，按住 Shift+Ctrl 键可以同时调整图形框和内部图像。将图像放置在水平位置为 115 毫米的参考线上，保证在页面中居中对齐，如图 3–40 所示。

图 3–38　在 AI 软件中复制路径到 ID 软件中，直接粘贴使用

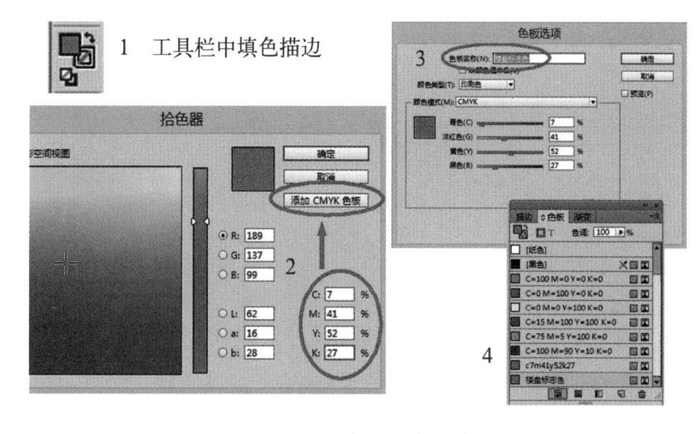

图 3–39　添加楼盘标志色到色板面板

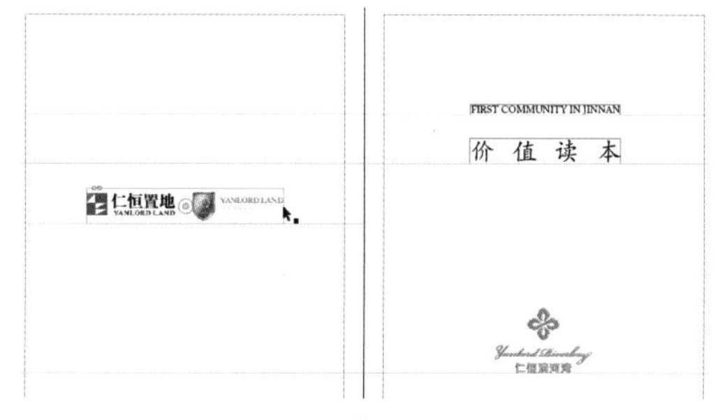

图 3–40　置入地产和项目 Logo 文件

⑨调整置入图像显示质量。在将外部图像置入文档中时，软件默认显示图像低分辨率版本，因此，当放大所置入的图像时，经常会发现出现图像边缘呈锯齿状的情况。降低置入图像的显示质量可以提高页面的显示速度而并不影响最终的输出质量。也可以调整置入图像的分辨率使其清晰显示。

选择刚才置入的图像，执行对象—显示性能—高品质显示，再放大图像局部，发现显示变清晰了（图 3–41）。

⑩置入联系方式等信息。在图层面板中切换到联系方式图层，运用置入命令，置入素材中“项目联系方式 – 封底 .tif”，调整大小和位置，使其放置在页面底部 250 毫米的水平参考线上。保证在页面中居中对齐。调整显示质量。

⑪ 置入版面其他元素。在图层面板中切换到封面封底背景色图层，运用置入命令，置入素材中“封面封底花边 .ai”文件，调整大小和位置，使其底部放置在页面底部

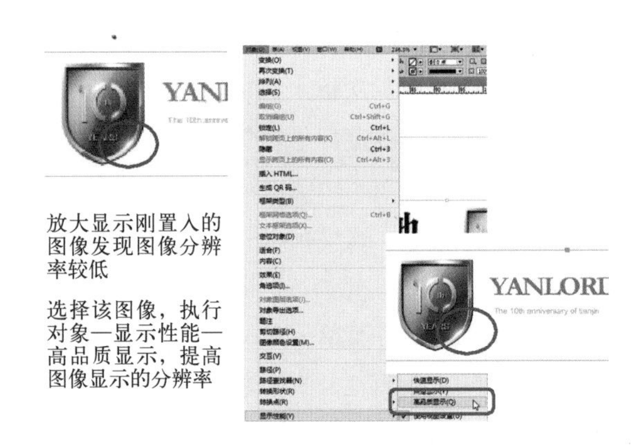

图 3–41　提高置入图像显示质量

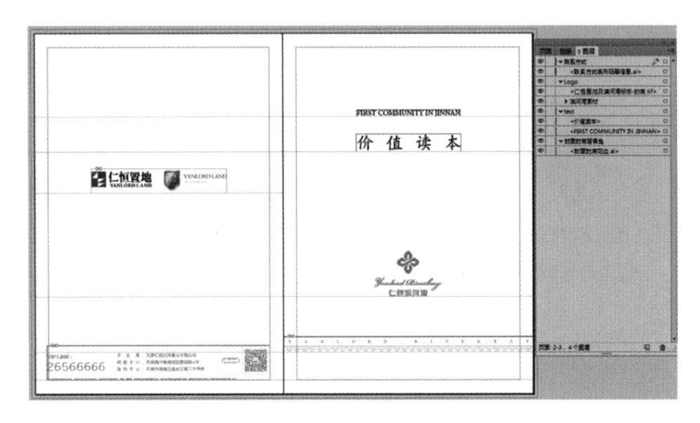

图 3–42　封面封底完成效果

230 毫米的水平参考线上。保证在页面中居中对齐。调整显示质量。封面封底制作完成，注意页面面板中图层的分类，效果如图 3–42。

6）保存文件。

7）内页的设计与制作。在进行内页制作之前，先介绍下 InDesign 软件中的主页概念。

技能点 2：主页的设计和应用

宣传册可以按照版面结构分为封面、内页、封底三部分，在设计中，往往需要统一内页设计风格、版式元素的位置等，因此在版式设计中，特别是对于宣传册这种多页形式，一般需要在内页设计阶段先进行主页设计。所谓主页设计，即为保证设计样式一致，对内页中的相关页面设计统一的版式模版，再应用到需要统一的页面中，当对主页模板进行修改时，软件会自动关联到应用该主页的页面上。主页设计一般需先设置好统一的页边距、分栏、参考线、页眉、页码及页面间一致的视觉元素。

◆主页设计的步骤：

a. 设置边距和分栏：给宣传册内页进行版面设置，规定好版心位置，内容分栏；

b. 创建参考线：可以是单页参考线也可以是跨页参考线，取决于你的版面设计方案；

c. 设置页眉和页脚：对于某些版面来说，版式设计可能较为丰富，能够统一的元素往往只有页眉和页脚，这里注意，有些设计中页眉是根据手册内容变化的，这种情况下需要单独设计页眉，而页脚可以是主页中统一的页码形式；

d. 设置视觉元素：若有相同的视觉元素，如企业徽标等，可以作为固定的元素放置在主页中，这样即可保证每个应用该主页的页面上相同位置有相同内容；

e. 应用主页到页面：在 InDesign 软件中，应用主页的方法很简单，直接拖动页面面板中的主页到需要应用的页面即可。

在软件中，默认情况下，页面面板的上半部是主页显示区，下半部是页面显示区。只要新创建的文件都会自动创建一个“A– 主页”，大家可以在页面面板中找到这个主页并对它进行编辑，主页中也支持图层的设置。还可以根据宣传册的内容设计多个主页。

希望大家掌握这个重要的软件技能点。下面将带领大家一步步进行本例的主页设计。

◆创建主页。在宣传折页中，往往要求内页的风格样式保持一致。运用软件自带的创建主页的功能能够快速地统一内页的设计风格，而不用设计师手动逐页调节对象位置，主页中所有设置的对象都将出现在应用该主页的文档页面中，从而保证形式上的统一。

本例中，因为楼盘宣传册是面向购房用户的，因此内容上除了包括对地产公司和楼盘项目的总体介绍，还有重要部分是楼盘房型的详细介绍，这一部分和之前的总体介绍在版面设计上不同，更多侧重平面房型的展示，图片占页面主要位置，文字为辅助说明。因此有必要再设计另一种主页。这里我们设定宣传册 4~9 页为楼盘项目总体介绍，10~13 页为楼盘房型图，因此将 4~9 页统一使用一个主页 A，10~13 页统一使用主页 B。

在已经打开的页面面板上半部分（页面面板上半部显示主页设置，下半部显示页面情况）找到 A– 主页字样，右键单击“A– 主页”，在弹出的菜单栏中执行“A– 主页的主页选项”命令，在弹出的对话框中，修改名称为“内页 1”，单击确定。页面面板上放隔栏就出现“A– 内页 1”字样。

创建主页 B。在页面面板中点击新建主页，弹出的对话框中设置名称为“内页 2”，则创建出另一个主页。后面只需分别编辑主页 A 和 B 的样式，再分别赋予不同页面即可保证样式统一。图 3–43 分别显示修改主页 A 名称和创建主页 B 的过程。

◆在主页中添加参考线。主页中的参考线可以保证设计师准确地排列页面中元素，帮助对齐图形和文本框架。参考线将出现在应用该主页的所有页面中。

在页面面板上方隔栏内双击“A– 内页 1”后面缩略图，页面进行切换，进入到主页 A 设置页面。执行视图菜单—使跨页适合窗口，视图中同时出现主页 A 的左右对页。

这里通过开启标尺，从标尺中拖出参考线，然后通过设置参考线 X 或 Y 值准确定位参考线位置。这种从标尺拖拽参考线的方法适用于

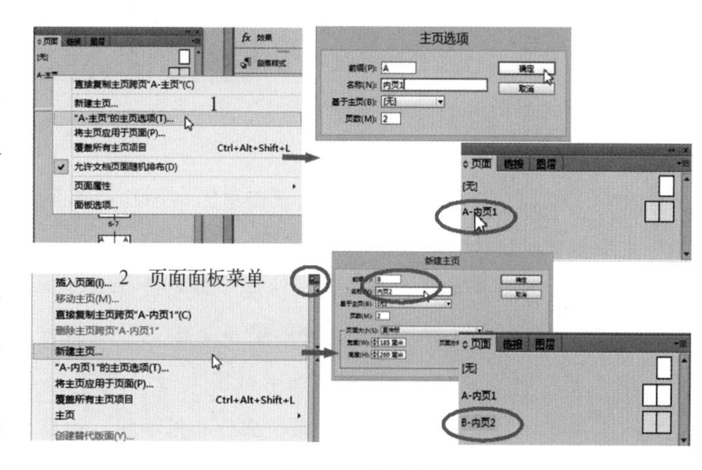

图 3–43　主页设置

放置中小范围使用的参考线创建。

结合给出的素材文件和之前的版式设计结果，在主页 A 的左侧页面水平标尺中拖出页面水平参考线，修改选项栏中 Y 值为 190 毫米；在竖直标尺中拖出 X 方向分别为 30 毫米、150 毫米的竖直参考线，作为项目介绍的文本框界限。在右侧页面中，水平方向拖出 Y 为 54 毫米、118 毫米、136 毫米的水平参考线和 X 为 230 毫米、235 毫米、337 毫米的竖直参考线，如图 3–44 所示。

图 3–44　为主页 A 设置参考线

◆给页面创建页码。这里不用软件默认的页码排布顺序，需要将页面的页码重新建立逻辑关系，封面封底一般不放置页码，本例中从封面反面开始设置页码，起始页码为 2。这里选择页面面板中标号为 4 的页面（点击缩略图），在页面面板菜单中选择“页码和章节选项”，在起始页码选项中输入 2，并选择大写罗马数字为样式，确定后在页面面板中查看设置结果，这里的逻辑顺序与是否应用主页无关（图 3–45）。

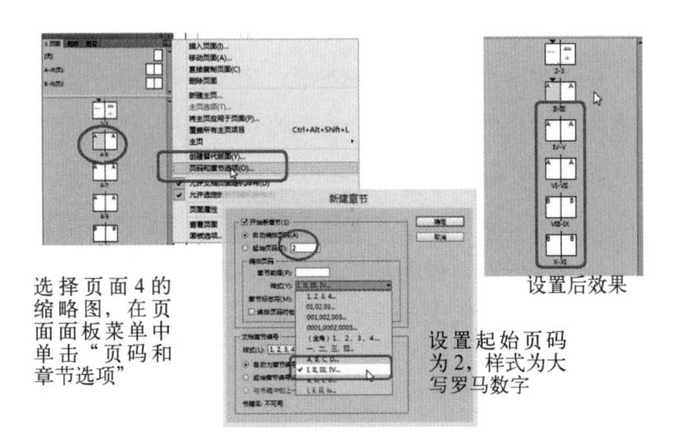

图 3–45　为页面设置页码，起始页码为 2

◆为页码添加样式。保持页面仍然在主页 A 中，要给页码添加背景，这里根据楼盘的整体风格，选择简约型的矩形方框背景并填充为楼盘标志色，居中放置。在主页中设置后，只要将主页应用到页面中，每个页面都会显示页码样式。放大主页 A 视图到下方边框中间处，使用矩形工具绘制宽为 7 毫米，高为 10 毫米的矩形框，并保证与页面居中对齐。在矩形框内部使用文字工具点击，执行文字菜单—插入特殊字符—当前页码命令，会发现矩形框内出现 A 字（这是因为当前是主页 A）。右键菜单中选择文本框架选项，在对齐中选择“上”，并在选项栏中选择“居中对齐”。文本框填色为楼盘标志色，其中页码为纸色。复制这个矩形框到主页 A 的右侧页面，执行相同步骤。切换到普通页面，如页面Ⅱ中，就会看到每个应用主页 A 的页面都出现页码样式。相同方法处理主页 B 中页码，让应用主页 A 和

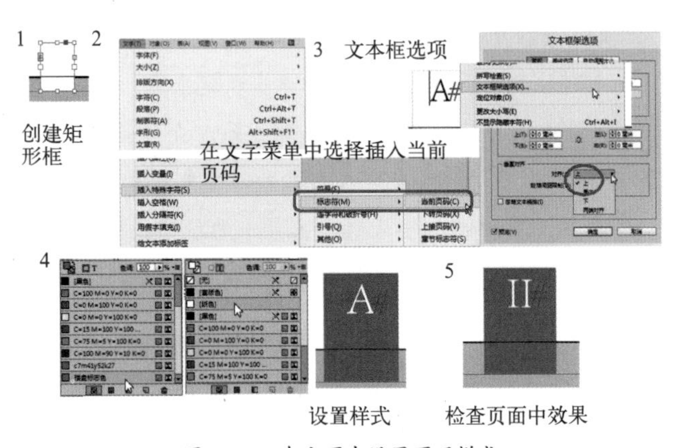

图 3–46　在主页中设置页码样式

主页 B 的页面有相同的页码样式（图 3–46）。

◆设置主页 B 的样式并将其应用于文档页面。需要放置楼盘房型图在这 4 个页面上，从上方标尺中拖出跨页参考线，作为房型面积放置位置的标记，Y 值为 25 毫米；另外 Y 为 180 毫米处放置房型对应楼盘介绍，如图 3–47 所示。

8）在不同页面中分别置入素材中的文本和图形。注意有两种方法，一种是对于 .ai 格式文件可直接复制粘贴路径组（需同时启动 AI 软件“本例中房型图Ⅷ – Ⅺ页面是通过此方法放入素材的”）；另外一种是通过文件—置入再单击位置置入文件，本例中Ⅱ – Ⅶ页是通过此方法放入素材。这里不再赘述，读者可以从素材文件夹中找到源文件，并预览其中的效果文件。最终完成图如图 3–48~ 图 3–50 所示。

9）保存文件（图 3–50）。

图 3–47　为主页 B 设置参考线

图 3–49　楼盘介绍　页面Ⅵ – Ⅶ页版式效果

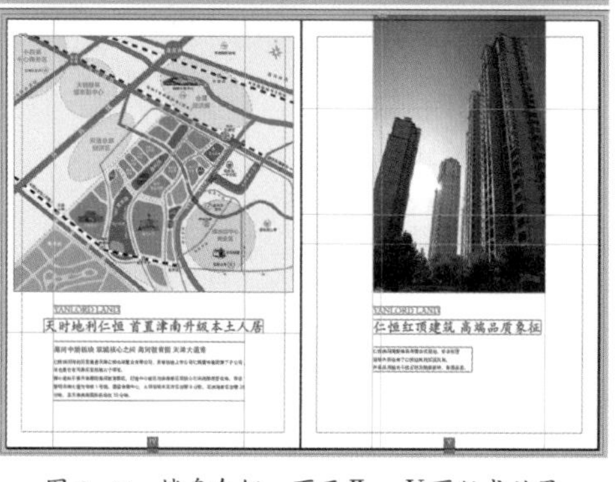

图 3–48　楼盘介绍　页面Ⅱ – Ⅴ页版式效果

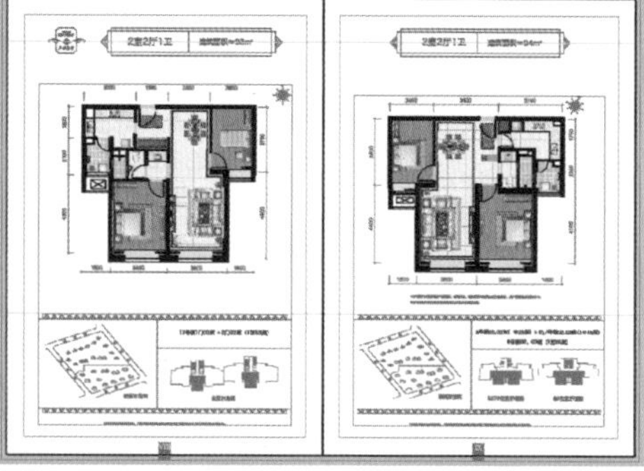

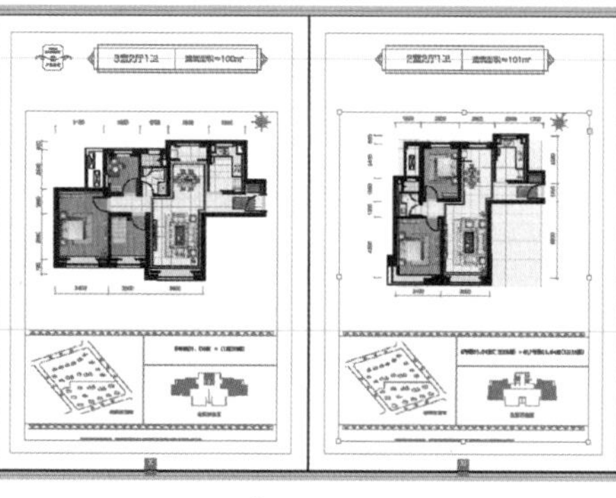

图 3–50　房型图页面版式效果

项目小结

通过本项目的学习，了解宣传册的分类和基本结构，了解宣传册版式设计中的视觉要素，掌握网格式版式设计法，并按照制作实例掌握多页宣传册的制作方法。

课后练习

1）网格划分练习：为 A4 横向版面进行网格划分，要求所划分区域能放置三行文字和 2 幅图片，同时具备一个视觉引导标志。

2）为某次学校社团纳新活动进行 DM 单设计及制作，要求单页尺寸为 185 毫米 ×260 毫米大小，制作出正反面效果。设计内容必须包括该活动的基本信息（文字介绍、图片展示），宣传标语等。

3）某次意大利旅游归来需举行一个小型的主题汇报展，请为这个展览设计及制作宣传四折页，要求折页单页为 A5 大小，正反面设计。运用网格设计法，先设置参考线进行版面分割，再置入图片和文字素材。宣传折页要有封面封底、页码等要素，明确标明展览的主题、时间、地点及旅行的时间等信息。版面图文并茂，风格统一、字体一致，并综合运用平面设计软件完成。

项目四　书籍及杂志版式设计与制作

项目任务

本项目通过对书籍，特别是杂志版式设计方法的讲述使学生掌握书籍版式设计的基础知识：了解杂志版式设计的流程、特点和原则、视线运动规律、杂志中的长文本的编排方法；通过以一本杂志版式设计为实例让学生掌握版式设计构思过程，及使用 InDesign 软件完成课上实例和课后练习。

重点与难点

杂志版式设计流程、视线运动规律、长文本编排方法、运用 InDesign 软件进行杂志版式设计与制作。

建议学时

8 学时（4 学时讲解基础知识，4 学时实训练习）。

4.1　书籍及杂志版式设计介绍

书籍及杂志版式设计的类型包括一般图书设计、画册设计、杂志设计等。如小说、研究理论等以文字为主的图书，它的版式相对简单，文字较多、图片占用空间一般较少。另一类书籍以图片为主，或图片占用版面较多，文字穿插其中放置，起到引述、解释说明的作用。本项目重点介绍图片为主的书籍及杂志的版式设计方法。

4.1.1　杂志版式设计的特点和原则

杂志在人们的视觉文化中扮演着重要的角色，是平面媒体的重要组成。一般的杂志都是编辑和设计师共同创作的图文结合体。一位好的杂志设计师，一定懂得新闻学和品牌定位，懂得图片设计的重要性，还要考虑版面大小、网格、字体和色彩等细节因素，这样的版式设计才能准确地体现杂志的定位，并产生视觉影响力（图 4–1、图 4–2）。

杂志按照出版周期，可以分为月刊、季刊或年刊等，因此决定了杂志的设计风格要有连续性，让读者熟悉的版式元素在每期杂志中都要出现，如杂志名称、刊号等要素都要保持统一。杂志的连续性特点决定了杂志的版式设计要遵循以下原则：

1）版式设计要能体现杂志自身风格。根据杂志主题，合理安排版式内容，使设计元

图 4–1　国外杂志封面设计

图 4-2　国外杂志内页版式设计

素紧密围绕主题，又形成自身特有的杂志视觉风格。

2）所有视觉内容要符合当期主题。选择的图片、字体、色彩等要素要为当期内容服务，当期要先有内容再确定形式。同时形式的选择在保证主题的情况下要有创意。

3）版式元素具有连续性、在变化中体现统一。每期杂志版式元素构成具有统一性（封面上标识、标题、刊号、定价、条形码等元素必不可少）。在刊物定位没有变化的情况下，保证刊物视觉上有创新，但不要变化过多使读者产生陌生感。

4）杂志版式设计要整体协调、简约大气。不要将视觉元素放置过多，使读者产生炫目的感觉，内容不要太花哨，要有明确的主体形象和视觉重点，其他元素要有层次感。

5）在进行版式设计之前，先明确印刷方式和承印载体，这将决定设计像素是多少。若印在光滑的铜版纸上，图片和文字需要的分辨率较高，同时可以使用细体文字，这样显得制作精美；若是印在报纸上，那么一般来说黑白图片就可以了，图片不要有过多细线条部分，同时文字要粗犷有力量，不要选用衬线细体字。

4.1.2　杂志的版式设计流程

杂志作为书籍中的一种，也遵循书籍设计中的结构要素，即封面、封底、书脊与封套、目录页、内容页、页眉页码等。所不同的是，杂志由于内容丰富多样较传统书籍设计在版式上也更自由，变化更多。在进行杂志版式设计时要按照杂志的结构分开进行主页设计，在内容页中也要赋予多种版式形式，丰富视觉效果。

一般来说，对于固定出版的杂志，其版面设计流程如下：

1）组稿。先对收集的稿件进行分类，编辑根据经验确定文字长度和大体使用版面多少。

2）制作版面。分别设计制作确定放入本期杂志的稿件的版面。

3）广告页制作。根据客户要求确定放入本期的广告版面多少和版面顺序，并进行版面设计与制作。

4）合成书籍。运用软件中的书籍功能将所有独立文档合并成书籍文件，并确定先后顺序和页码。

5）生成目录。运用软件自动生成杂志目录，或自行设计制作图形目录。

6）检查并打包文件。

知识点 1：视觉流动规律

在进行版面设计之前，设计师除了需要考虑目标人群和杂志类型外，还需要对手下的文章素材进行编排。设计师需要运用读者的视觉流动规律来设计版式，因为这往往决定了一篇文章传达效果的好坏。

一般来说，人的视线运动方向是从上到下、从左到右的。对于横向排版的杂志而言，从左到右放置文章、图片是自然的顺序；在竖向排版的书籍中（古装书、日文书等），从右往左翻阅、从上到下阅读是正常的顺序。设计师在编排长文档内容时需要遵循这些最基本的视觉原则（图 4–3）。

读者对于杂志阅读一般倾向于跳读，即不是一页一页整页阅读，而是通过翻阅寻找自己感兴趣的内容。因此在杂志版式设计中，经常需要放置图片来形成版面变化、调节版面气氛。此时要注意，若在文章中穿插放置图片，不要放置在视线中间，以免产生阅读阻滞。在图 4–4 左图中，文章中插入两幅图片，成为视线的阻隔点，当阅读完段落 1 时，根据视线运动规律，读者会阅读段落 2，然后读者就会停下来思考，这时分不清是该阅读段落 3 还是 4，因为此时段落 2 和 3 之间联结性较薄弱。虽然，通过语义的联结读者最终能够正确阅读文章，但中间的停滞会影响阅读效率并增加认知负担。若在视线的首尾处放置图片作为视线的起点和终点则不会产生阅读阻滞了，如图 4–4 中右图。因此，

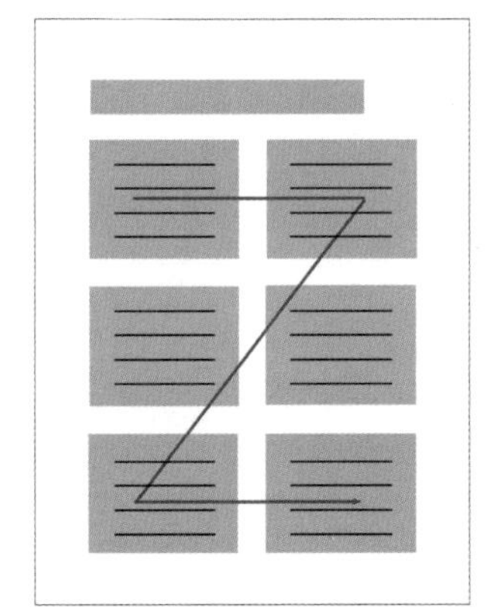

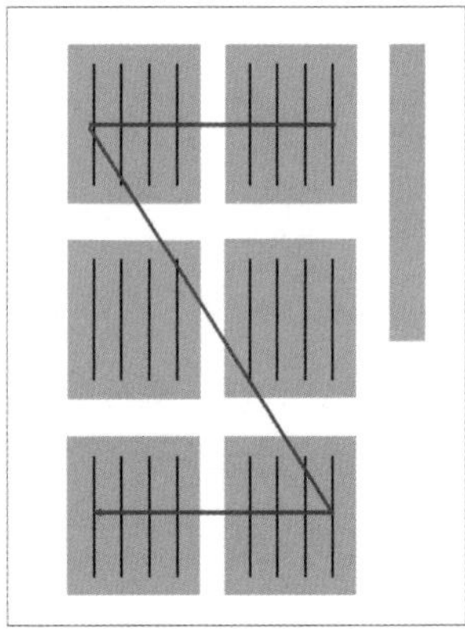

图 4–3　横向排版和竖向排版基本视线规律

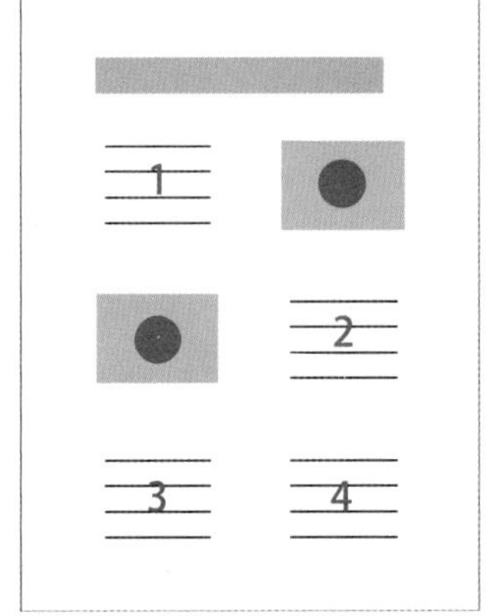

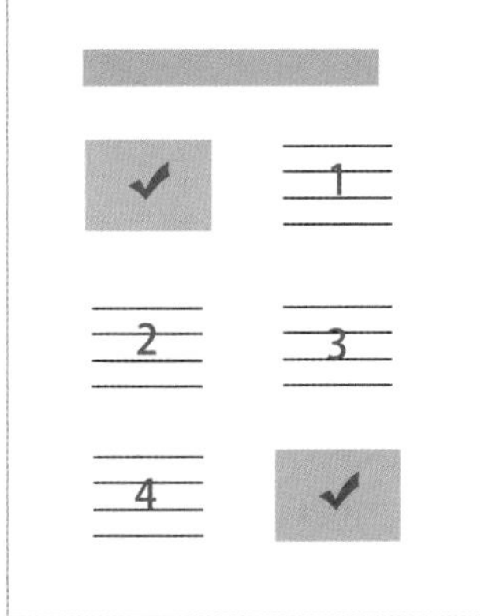

图 4–4　图片穿插的位置会引起阅读阻滞

图 4–5　视觉流动规律的运用实例

文章中插入图片时，必须考虑视觉流动的规律。

下面是一则视觉流动运用的例子。

图 4–5 中图片与文字穿插放置，从左上角到右下角构成观看图片的视线（简图中的红色线），而文字部分构成一条折线（蓝色线），这样文字与图片视线互不干扰，读者在阅读信息时不需间断。

优秀的版式设计一定是图文并茂的，设计师在进行素材排布时要首先考虑读者的视觉流动规律，才能制作出美观又准确传达信息的版面来。

知识点 2：长文本的编排方法

在杂志设计中，除了要安排图片位置和版面色彩外，设计师考虑如何让文章易于阅读也是非常重要的工作。最理想的文字编排，是让读者感觉不到文字是经过精心编排设计的，而是专注于文章内容本身。这里来介绍对于杂志中长文本的一些编排方法。

◆设定分栏与行长

杂志文章可以大体分为学术类和娱乐类两种，不同文章面向读者不同，对于文章理解所要求的阅读速度也不同。一般来说，学术类文章较难理解，需要读者认知的时间较长，因此在进行编排时可以考虑适当排布较长行长，即每行字数在 40 字左右；而多数的娱乐类文章，读者阅读不是逐页阅读，而是翻阅寻找自己感兴趣的内容，因此行长不宜过长，不应让读者视线移动太长距离，增加文章阅读难度。简而言之，文章越通俗易懂，越适合快速阅读快速换行。行长的合适长度是，阅读时只需移动视线，而不需改变脸的方向。一般来说，报纸文章每行以 16 个字为佳，杂志类以 20 个字为佳。

为文章分栏就是为了合理安排行长而设定的编排形式。每行字数减少了，必然会增加文章的段数。一般在杂志中，会在一个版面内将文章安排成两栏或三栏的形式，栏数越多，行长相应就越短。但栏数也不宜过多，这样会使文章分布过于细碎，增加读者寻找时间，降低阅读速度。

分栏除了缩短行长外，还使文章在版面上排布更加规律，也为插入图片素材提供了空间。分栏往往还配合网格设计法使用，可以让多个页面统一为相同的样式，适合现代杂志的版面要求（图 4–6）。

◆行对齐法

行对齐顾名思义就是要把行的位置对齐使长短一致。行对齐可以分为居中对齐、行头对齐、行尾对齐、左右对齐等。

居中对齐是所有行都对齐到每一行的中心位置，这种编排适合横排的文章；行头对齐是所有行的首位对齐，有时会造成行尾出现不整齐的情况，但这样方便在文章的停顿部分换行，适用于诗歌、散文等有韵律的文字；行尾对齐可能会造成行头不整齐，这样的版面不利于阅读，因此不适合用这种方式进行长篇幅文章的编排；左右对齐是行对齐中最能体现条理性，也是最常用的方法，特别是编排长文章时，它是一种基本的对齐方法，换行位置相同，阅读时视线能够平缓流畅地移动。

在文章编排时，要根据文章的内容和版面空间的实际情况选择合适的对齐方法（图 4-7）。

◆行高和行间距

行高、行间距对文章的易读性有很大的影响。行高是指从一行的基准位置到下一行基准位置之间的间隔，基准位置是文字假想的中心位置。行间距是一行与下一行之间的间隔。

行与行之间位置较松时，读者视线从一行末尾移动到下一行开头的距离就大，这样就影响阅读速度，无形中提高了阅读难度。若行与行贴得过紧，读者在阅读时就容易串行，造成认知上的困难。

正文中适合的行高，一般来说是字体大小的两倍。如文字是 8 点，行高为 16 点最为合适。软件中会有一个默认的数值，这个默认的数值是文字大小的 1.2 倍，如选用的是 10 点，默认的行高就是 12 点。你可以使用默认的行高或者根据自己的视觉感受选择适合的行高。

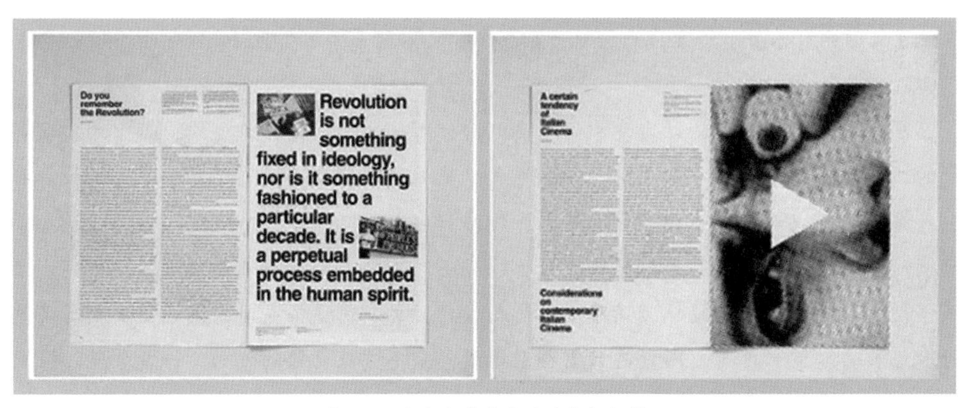

图 4-6 杂志文章中常见的分栏版式

这款高性能三缸发动机基于大众 EA211 发动机打造，采用了单涡轮单涡管技术和 E-Booster 技术。这使得这款排量仅为 1.0L 的发动机最大功率达到 272 马力(200kW)，峰值扭矩 270 牛 · 米。不过目前大众并没有透露这款发动机未来将搭载在哪款车型之上。	这款高性能三缸发动机基于大众 EA211 发动机打造，采用了单涡轮单涡管技术和 E-Booster 技术。这使得这款排量仅为 1.0L 的发动机最大功率达到 272 马力(200kW)，峰值扭矩 270 牛 · 米。不过目前大众并没有透露这款发动机未来将搭载在哪款车型之上。	这款高性能三缸发动机基于大众 EA211 发动机打造，采用了单涡轮单涡管技术和 E-Booster 技术。这使得这款排量仅为 1.0L 的发动机最大功率达到 272 马力(200kW)，峰值扭矩 270 牛 · 米。不过目前大众并没有透露这款发动机未来将搭载在哪款车型之上。	这款高性能三缸发动机基于大众 EA211 发动机打造，采用了单涡轮单涡管技术和 E-Booster 技术。这使得这款排量仅为 1.0L 的发动机最大功率达到 272 马力(200kW)，峰值扭矩 270 牛 · 米。不过目前大众并没有透露这款发动机未来将搭载在哪款车型之上。
居中对齐 文字对齐到版面中央位置	行头对齐，又叫行首对齐行尾经常出现不齐的情况	行尾对齐 行首会出现不齐的情况，一般放置在版面右侧或下侧，不常用于长篇文章	左右对齐，或称为强迫对齐 行首行尾都要对齐，版面较为整齐

图 4-7 行对齐的几种情况

有时也要考虑所使用的文字字体，字体类型不同时，文字给人的视觉感受不同，行高磅值也应适当变化，一般来说，字体越大，需要的行间距越小。比如宋体字清秀，可以使用比黑体字稍大一些的行高，这样便于阅读。若文字有标题，则适当缩小与标题间的行高，这样可以将标题与正文视为一个整体字块（图 4-8）。

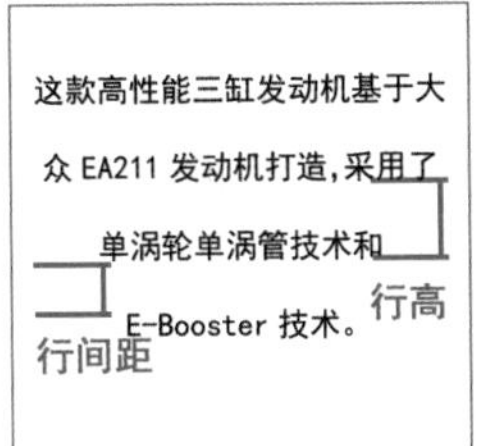

行高和行间距大小影响文章的阅读速度

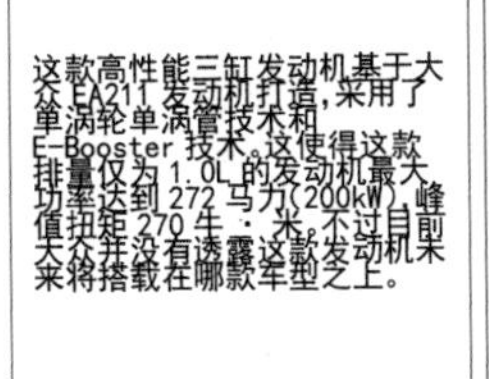

行间距过紧，阅读时容易串行

这款高性能三缸发动机基于大
众 EA211 发动机打造,采用了
单涡轮单涡管技术和 E-Boost-
er 技术。这使得这款排量仅为
1.0L 的发动机最大功率达到
272 马力(200kW),峰值扭矩

行间距过松，影响阅读时视线移动速度

这款高性能三缸发动机基于大
众 EA211 发动机打造，采用了
单涡轮单涡管技术和
E-Booster 技术。这使得这款
排量仅为 1.0L 的发动机最大
功率达到 272 马力(200kW),峰
值扭矩 270 牛 · 米。不过目前

行高为文字磅值的两倍最为合适

图 4-8　行高与行间距对阅读的影响

◆留白法

在编排文章时，除了上述的几个参数要注意外，文章编排还要讲究留白。即字型的留白，字与字之间的间隙，行与行、段与段之间，分栏间留白等。这些留白没有一定之规，但求视觉上舒适为宜，切不可将所有文字密不透风地排布，影响版面视觉感受。

4.2　杂志版式设计分析与赏析

通过分析两个杂志版式设计的例子，加深对杂志版式设计元素排布的规律认识。

实例 1：国际知名杂志 IDN 版式设计

《IDN》（国际设计家联网，International Designers Network）杂志于 1992 年在香港创刊。在过去的 20 多年里，它已经在亚太地区乃至全球的数码设计界树立起其独特的领导地位。现在《IDN》在全球印行 4 个版本，分别有亚太区、澳大利亚区、中国内地和香港区、中国台湾区版本，被业内誉为“设计圣经”。无论是设计师还是普通读者，都不能否认《IDN》极为出色的杂志编辑思想。比起欧美的视觉杂志来说，《IDN》的设计更有亚洲特色，让人觉得亲切。

就版式设计来说，该杂志使用了丰富的网格语言。目录部分用大号数字进行分块设计，下面左对齐放置各块内容标题；内页版式更为丰富，不仅有大量的出血图片带来视觉冲击，还运用页面斜对角线分割出简单易懂的版面空间。数字的使用能够引导读者按顺序阅读，并形成突出的视觉重心。

字体应用不杂乱，在同一篇文章中，使用相同字体，以大小字号进行区分，简单实用。

《IDN》杂志给人整体感较强，网格化的简约版式符合现代版式要求，同时又具有鲜明的设计感（图 4-9）。

图 4-9 IDN 杂志封面及内页版式设计

实例 2：意大利罗马共和报版式设计

报纸与杂志比起来，因价格较为低廉而受众面更为广泛。传统的水平式版式设计如今已经不能从视觉上吸引读者的眼球了。这里选取的意大利罗马共和报的几个版面分别表达的是家具设计主题和乐队演出音乐节主题。

左边的两个版面采用对角式版式结构，将标题、手绘草图、家具图片和设计师照片有条不紊地排布在十字交叉线的每一端，形成活跃的视觉效果。文章用分栏的形式横向放置，与图片进行图文环绕，丝毫不影响读者对家具产品的解读。

右边两幅版面分别是两个乐队的简介和演出资讯介绍。乐器突出的位置暗示了演出团体的性质。用醒目的数字引领的分栏文字按照时间顺序排布，让读者更好地掌控整个版面的阅读顺序。人物照片成为视觉中心，吸引读者视线。小幅插图则增加了版面的节奏感（图 4-10）。

图 4-10 意大利罗马共和报版式设计

4.3　杂志版式制作实训：旅游杂志的版式设计与制作

4.3.1　设计构思

1）杂志定位：本例以旅游杂志版式设计为例，设定面向人群为30岁以上的白领读者。这部分人群收入处于中上等水平，一般有广泛的爱好，每年会利用假期出境旅游。本杂志即面向这部分人群，介绍热门旅游景点、宣传新鲜旅游资讯、普及实用旅游知识。

2）杂志结构设计

（1）杂志开本：本例版面尺寸为A4（297毫米 ×210毫米）大小，共12页。

（2）封面封底：封面封底单独为一个文件，文件宽度尺寸包括封面、书脊和封底三个宽度总和。封面放置杂志名称、刊号、风景图片、文章标题介绍、出版信息、条形码、杂志价格等内容；封底为广告页，放置整页广告图片。

（3）目录：目录页在杂志内页第2页上。

（4）内页：本例侧重讲述版式设计方法和软件使用技能，设计少量内页。根据杂志内容，内页使用3个文档构成，每个文档为杂志的一篇配图文章，每篇文档运用对页制作版面，各自保存为单独文件。先进行每个文档的版式设计，最后按照顺序整合在软件书籍文件中。内页中还有广告页（分别放置在末尾两个内页、封面背面和封底）。

（5）页眉页码：不设页眉；页码统一设计。

3）收集素材：

本例使用的素材都可以在项目四　书籍及杂志版式设计与制作范例文件/素材文件夹中找到。

4.3.2　软件实现

进行设计构思之后，我们开始使用InDesign软件制作杂志版式。

1）封面封底制作

（1）创建封面封底文件,设置文件规格参数。启动Adobe InDesign软件,执行文件—新建—文档命令，在新建文件对话框中选中“打印”选项，设置页数为2，起始页码为1，设置页面大小为宽度425毫米，高度为297毫米（注意：由于封面封底创建在一个文件中，文件宽度尺寸包括封面、书脊和封底三个宽度总和，尺寸为210毫米 ×2+5毫米书脊厚度=425毫米），取消对页选项,页面方向为横向,出血设置为上下内外均为3毫米。单击“边距和分栏”按钮，开启设置对话框，其中上下内外边距都设置为10毫米，栏数为2（封面和封底各设为一栏），栏间距为5毫米（书脊厚度），其他参数不变，单击确定按钮。如图4-11和图4-12所示：

（2）保存文件为“封面封底”。

（3）在封面封底上分别创建矩形框架和参考线、文本框架。选择工具栏中矩形框架工具，在封面、封底、书脊分别创建三个矩形框架，供后面放置图形使用。注意，这里的矩形框架大小要与出血线大小对齐。在封面创建水平参考线，Y值为80毫米，并创建大小约为130毫

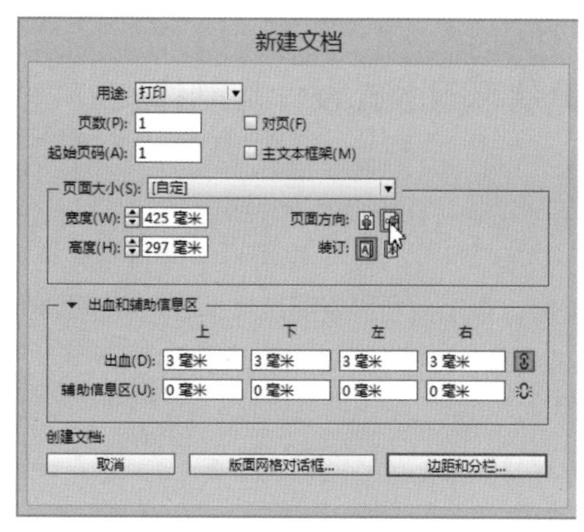

图 4-11　新建文档参数设置

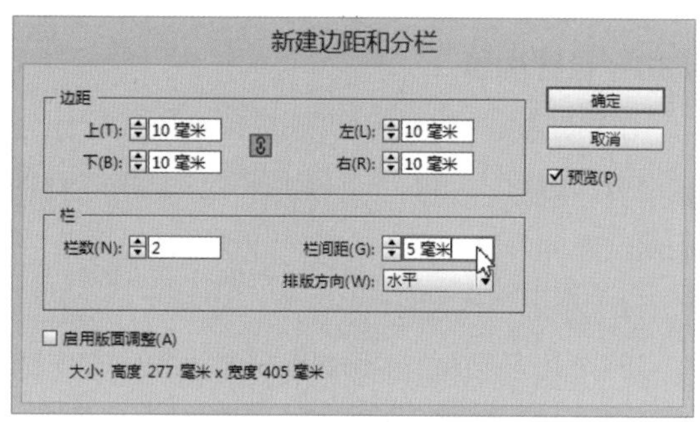

图 4-12　边距和分栏参数设置

米 ×45 毫米的文本框架，使其下边缘放置在刚才创建的参考线上，供后面输入杂志名称；在封面左下方创建 3 个文本框架，用于分别放置杂志 3 篇文章标题，大小约为 90 毫米 ×31 毫米；在封面右下角创建矩形框架，大小约为 35 毫米 ×20 毫米，用于放置条形码信息。先创建好框架，后面根据具体内容还会调整框架尺寸和位置，如图 4–13 所示。

（4）置入封面图片素材。先为封面置入素材文件夹中“北海道花海 – 封面 .jpg”文件，调整文件大小和位置，将花海放置在封面大概中间位置处；选中图片，执行对象—显示性能—高品质显示，右键菜单中排列—置于底层（图 4–14）。

（5）添加杂志名称和文章标题、刊号等文字信息。分别在标题文本框中输入杂志名称“旅行者”，英文名称“All About Travel”和月份号“May 2015”，对应字体样式如图 4–15 所示。为了让标题更加突出，分别给中文和英文名称添加阴影效果。

（6）添加杂志文章标题。为显示方便，在图层面板中暂时关掉封面图片的眼睛。向封面页面 3 个文本框中分别添加 3 篇文章标题，标题名称及字体样式如图 4–16 所示。调整位置，将北海道一文作为首篇文章并置于页面左侧，放大字号。恢复封面图片显示。

图 4–13　为封面封底创建基本框架

图 4–14　置入封面图片，并调整顺序

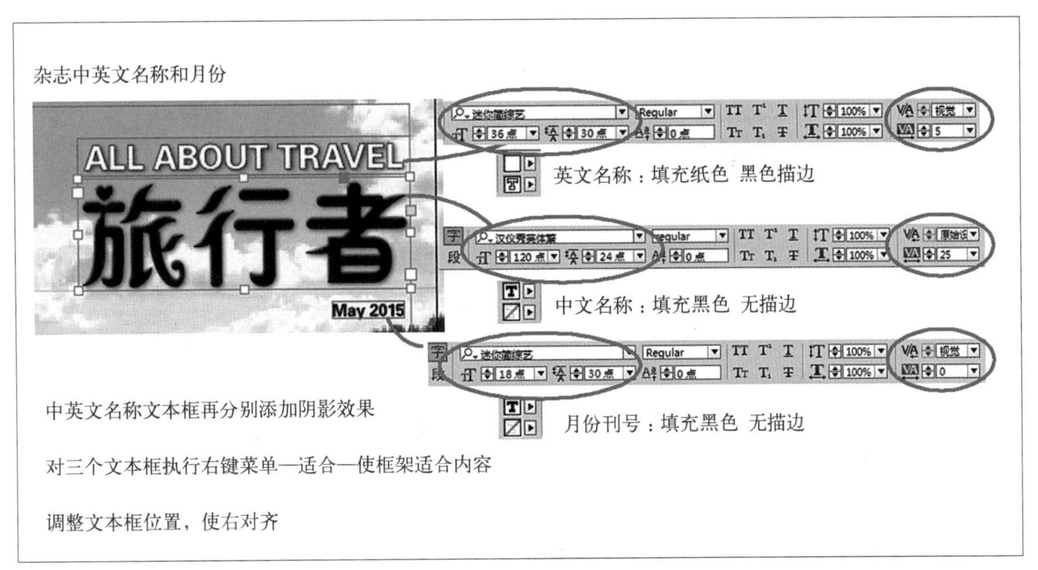

图 4-15　杂志名称文本框架格式

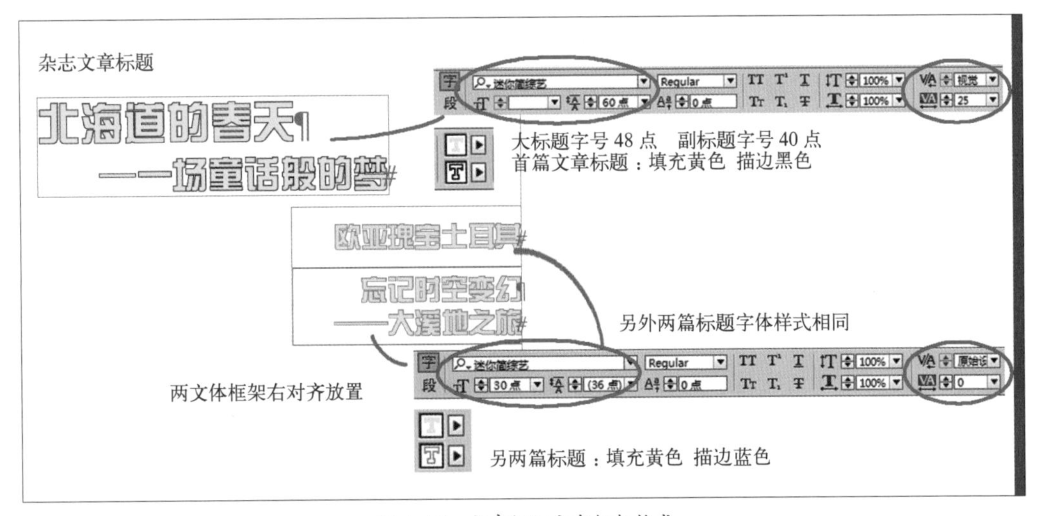

图 4-16　文章标题文本框架格式

（7）添加条形码和出版信息。更改条形码框架位置，为其设置填色为浅灰色即可。添加出版信息，包括邮发代号、出版物号等，这里都用 0 来虚拟。将二者左对齐，并放置在页面边缘参考线上，如图 4-17 所示。

（8）整体调整，完成封面制作，效果如图 4-18。

（9）制作封底，置入提前处理好的图片“封底航空公司广告 .jpg”，调整大小和位置，最终效果如图 4-19。

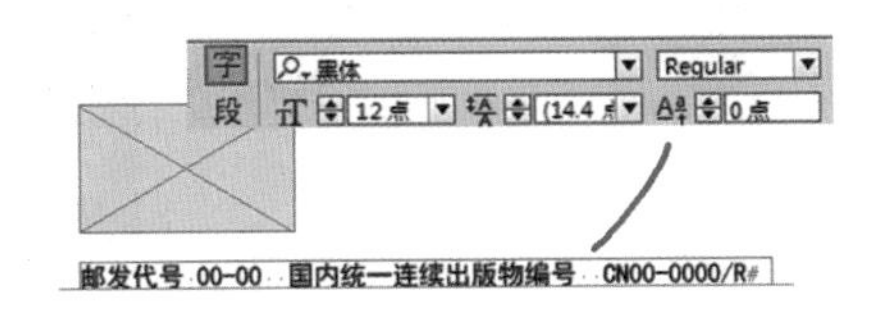

图 4-17　条形码等出版信息

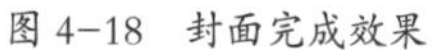
图 4-18 封面完成效果

图 4-19 封底广告效果

（10）制作书脊。输入书脊处文字，注意这里使用文字工具中的 IT 直排文字工具，效果如图 4-20。

（11）封面封底制作完成，最终效果如图 4-21。

2）内页制作

（1）创建内页文档：分别创建 3 个内页文档，版面尺寸相同，命名为文档 1、文档 2、文档 3，并分别存储，新建文档参数如图 4-22 所示。因为这里的内页文件中分别对应 3 篇杂志文章，因此采用对页设计版式较为方便。在此，还需要调整一下页码设置。在页面面板的菜单中，选择“页码和章节选项”，设置起始页码为 2，这样就可以在页面面板中看到页面呈对页放置（图 4-23）。

图 4-20 书脊用直排文字工具输入杂志名称和日期

图 4-21 封面封底最终效果

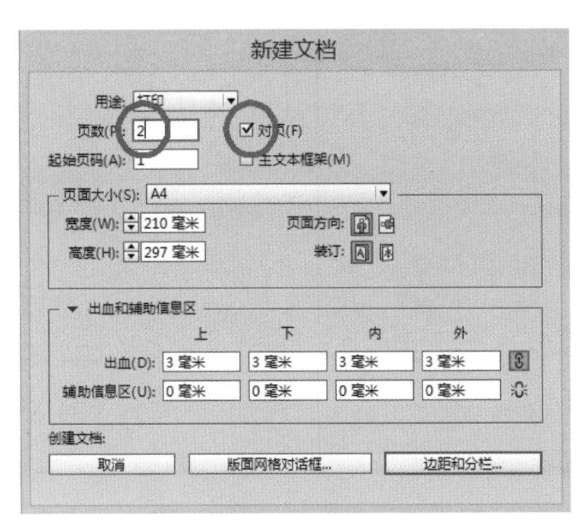

图 4-22　内页文档新建参数

图 4-23　内页调整页码设置

（2）运用主页创建页码。在任意一个文档中选择主页 A，分别创建两条参考线，Y 值为 255 毫米和 260 毫米，在左右对页上分别创建高度为 5 毫米，宽度为 10 毫米的矩形框架，并与页边缘对齐，如图 4–24 所示。执行文字—插入特殊字符—标志符—当前页码，会在主页中插入 A 字符，设置字体样式。保存文件并分别将主页应用到 3 个文件的页面中。

（3）制作文档 1

①创建文档 1 的基本框架

分别为页面 2 和 3 执行版面菜单——边距和分栏，在对话框中输入数值，如图 4–25 所示。为页面添加 2 个矩形框架，用于置入 2 张北海道风景图片（图 4–26）。

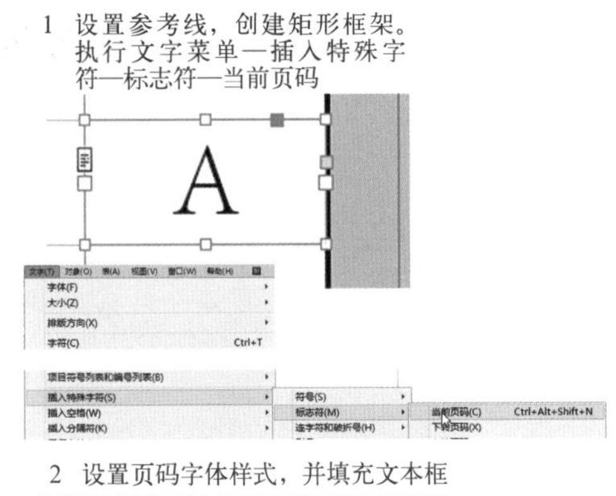

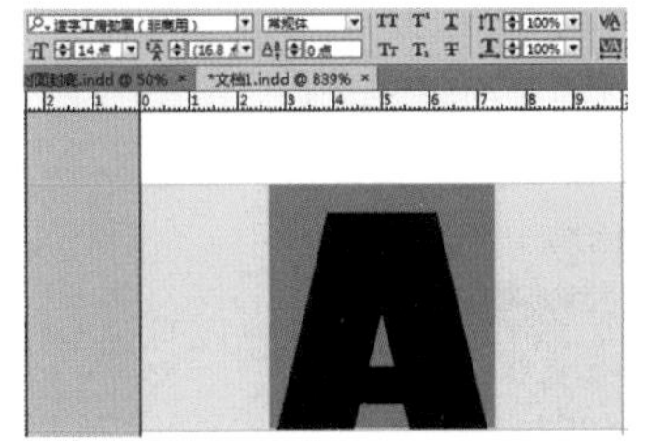

图 4–24　为内页主页创建页码

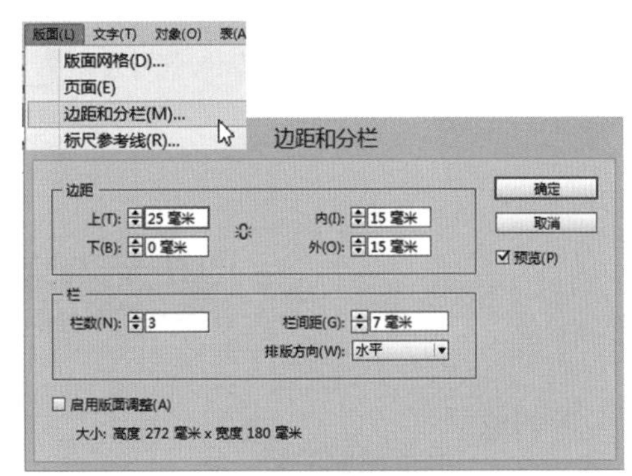

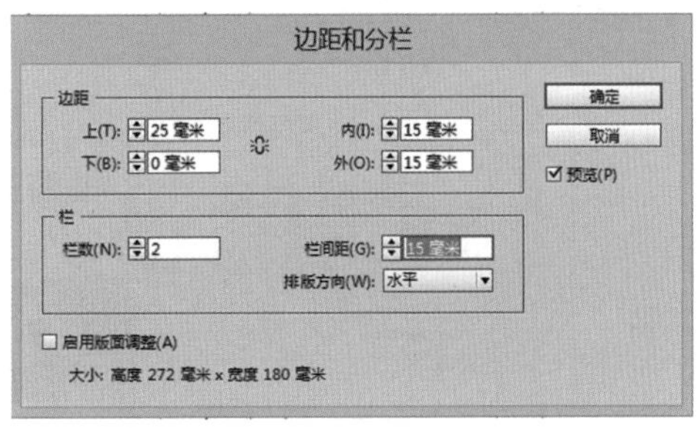

图 4–25　为页面 2 和页面 3 分别设置边距和分栏

②分别置入页面 2、3 图片素材。选择刚创建的两个矩形框，置入素材图片并调整大小和位置，如图 4–27 所示。

③添加文章标题。在页面 2 创建 213 毫米 ×58 毫米的文本框，并输入标题文字，设置字体样式，如图 4–28 所示，并设置文本框架选项。

④添加文章。在页面 2 创建文本框一个，尺寸以页面 2 中分栏边缘为准。如本书前面介绍，为长文档进行分栏排布，因此要对该文本框进行分栏设置，如图 4–29 所示。复制粘贴入素材 word 文档“北海道”中页面 2 文章，调整文本框大小即可。

⑤ 制作首字下沉样式。选中该文章中“北海道，”这 4 个字符（包括标点），执行窗口菜单—文字和表—字符面板，设置首字下沉参数，效果如图 4–30 所示。

⑥为页面 3 添加文本框。在页面 3 上部添加两个文本框，分别用于放置“北海道”文档中剩余文字内容。设置文本框选项如图 4–31 所示，粘贴入文字，并设置字符样式。

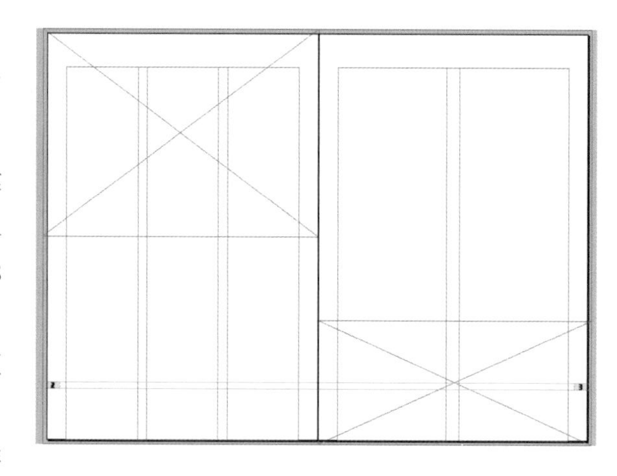

图 4–26 页面置入矩形框架效果

图 4–27 置入图片素材

1 输入文章标题，设置字体样式

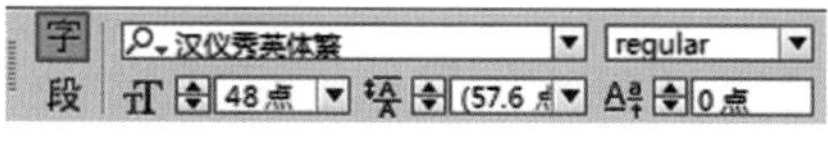

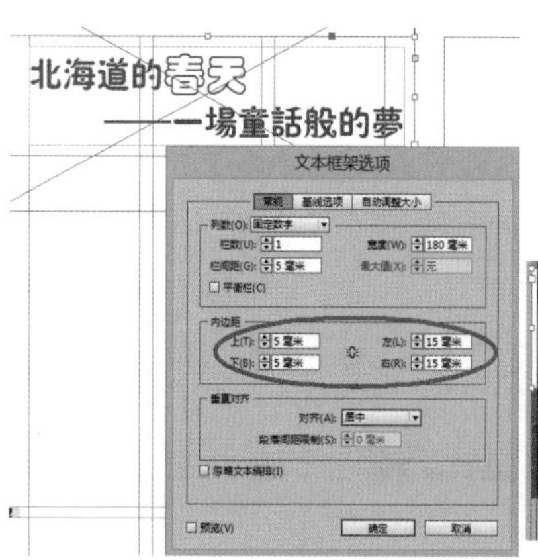

2 右键设置文本框选项

3 效果面板中设置亮度模式

图 4–28 页面 2 中的文章标题文本框样式设置

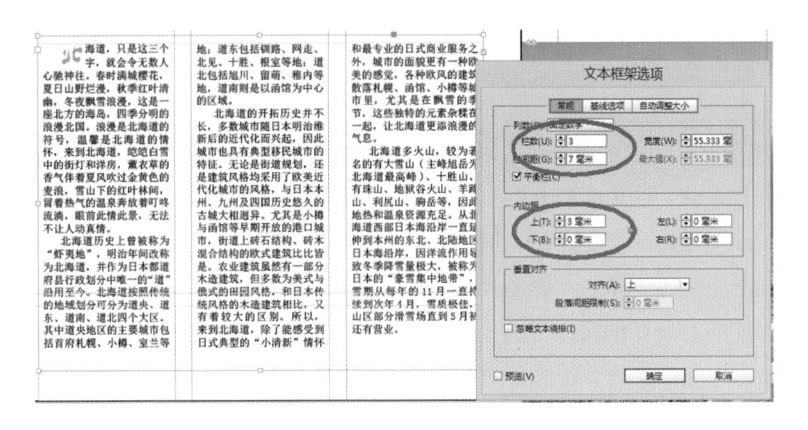

图 4-29　为长文档分栏排布

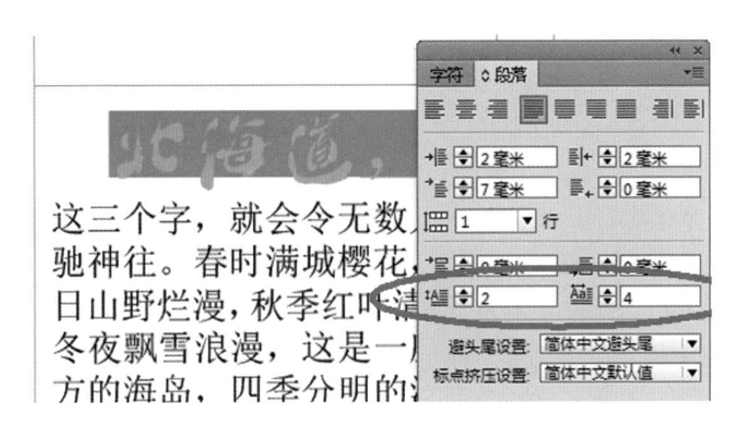

图 4-30　制作首字下沉效果

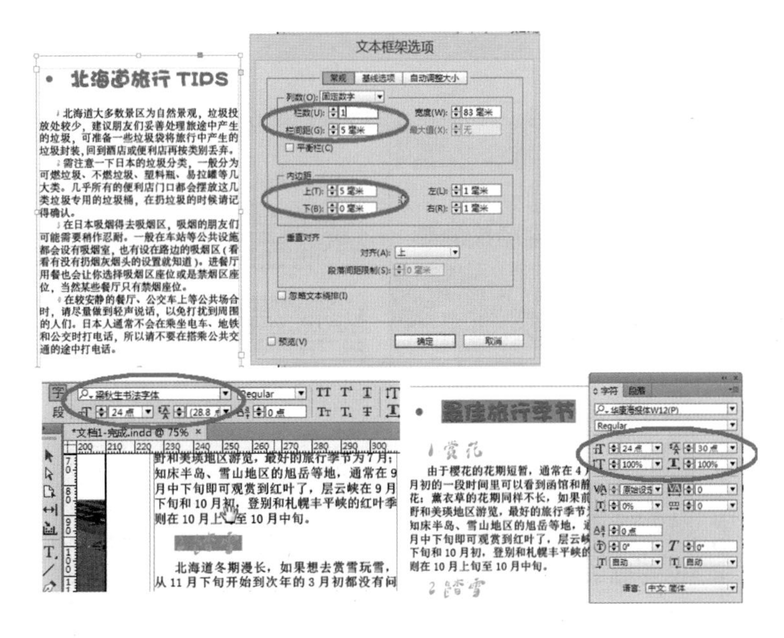

图 4-31　页面 3 文本框和字符样式

⑦调整页面，完成效果如图 4–32 所示。

（4）制作文档 2

①设置页面分栏和边距。打开创建好的文档 2 文件，分别为左页和右页设置分栏和边距。参数如图 4–33 所示，设置好后页面效果如图 4–34 所示。

②添加图片素材。这篇文档介绍土耳其旅游的几个热点，在选择图片素材时已经经过筛选出几张相关的图片。不仅要充分运用版面空间将图片编排进去，又要保证有文字空间。此方案选择一幅壮丽的画面作为主题图片，放置在页面 4 的左上角，和标题排布在一起。其他几幅图片作为配图右对齐排列在页面 5 右侧，这样不影响读者阅读文章的视觉走向。分别置入页面 4 和页面 5 图片素材，页面 4 的主图冲破分栏限制，跨页到页面 5 上，但不能影响页面 5 的文字分栏位置。调整各图片大小和位置，勿忘执行对象菜单中的高品质显示，效果如图 4–35 所示。

③制作指引标志。这里在页面 5 的几幅图片上放置指引标志，后面会在指引标志内置入文本。选择椭圆工具，按住 Shift 绘制直径为 35 毫米的圆形，再用矩形工具绘制边长为 17.5 毫米的正方形，同时选择这两个路径，执行对象菜单—路径查找器—添加，将两个形状合并成一个形状。为该形状进行填充，青色（C100、M0、Y0、K0）透明度为 20%，再复制一个该形状放于上层，填充纯青色，透明度 100%。在该图形中输入文字“地中海风光”。复制另外 3 个图形组，分别输入文字“精美工艺品”、“土耳其美食”、“圣索菲亚大教堂”。将在这些指引标志放置在图片旁边，效果如图 4–36 所示。

④制作文章标题。创建文本框，输入“欧亚瑰宝土耳其”，设置文字样式和文本框样式，参数如图 4–37 所示。放置在主图正下方。

⑤添加引文。在标题正下方创建文本框，复制粘贴入素材文本文件中引文一段，设置文本框架选项，其中内边距为 5mm，居中对齐。设置文字样式，并对引文首尾的引号单独设置样式，效果如图 4–38 所示。

图 4–32　文档 1 完成版面效果

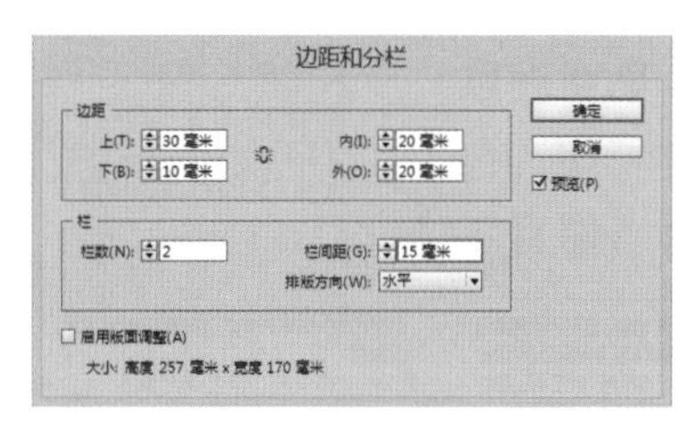

图 4-33　为页面 4 和页面 5 设置边距和分栏

图 4-34　页面 4、5 分栏后效果

图 4-35　置入图片后效果，主图跨页排布，超出分栏位置

⑥置入文章，处理文本框溢流情况。先在页面 4 创建一个文本框，大小为 77 毫米 ×96 毫米，下边缘与页面边距线对齐，左右边缘与页面分栏线对齐，将文本素材中的“从传说……”一段文章复制粘贴入该文本框。因文本框大小而出现右下角的溢流文字标记（红色方框内有加号），点击该标记，在右侧分栏中创建文本框，剩余段落自动加载。调整文本段落样式，参数如图 4-39 所示。这是一般杂志、书籍通用的长文本处理方式（长文本的串接），大家必须掌握。

⑦继续置入剩余文章。用相同方法，创建页面 4、页面 5 文本框，置入剩余文章。设置文章段落样式和标题样式，参数如图 4-40 所示。

⑧添加文本绕排效果。这里需注意到，页面 5 文本放置时会与指引标志出现干涉，这里可以使用软件中的文本绕排设置，就能让文字围绕选定的图形图像进行绕排。使用选择工具选择指引标志（4 个标志都要选上，并且保证标志中的浅蓝色图形同时被选中），执行窗

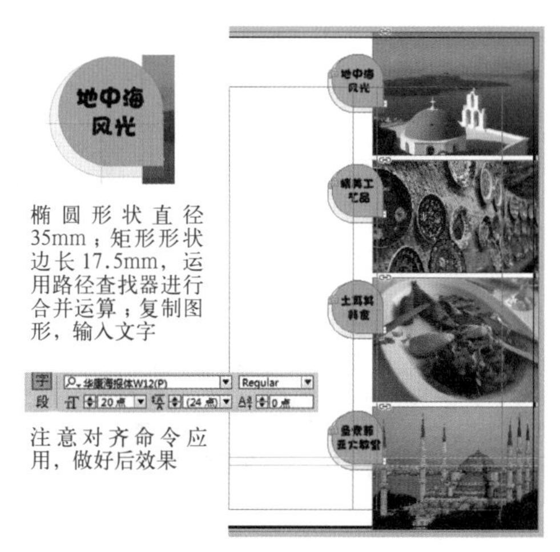

图 4-36　绘制形状，制作指引标志

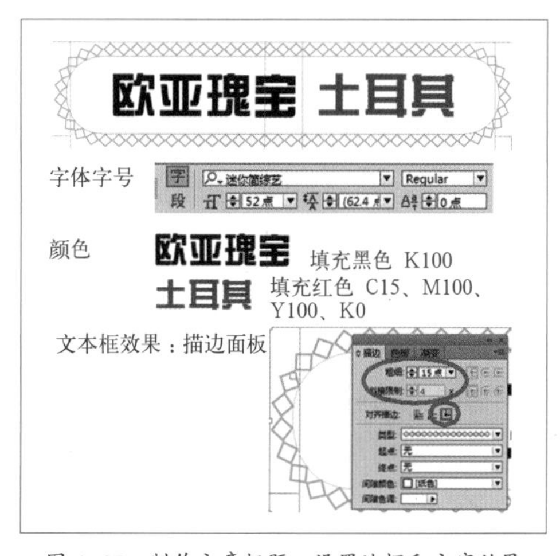

图 4-37　制作文章标题，设置边框和文字效果

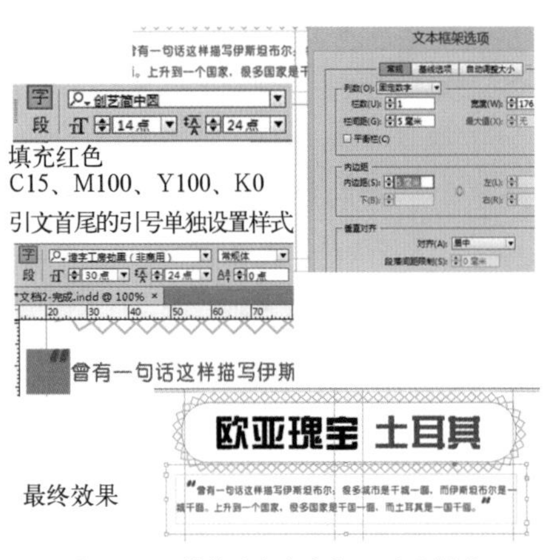

图 4-38 制作引文文本框，设置样式

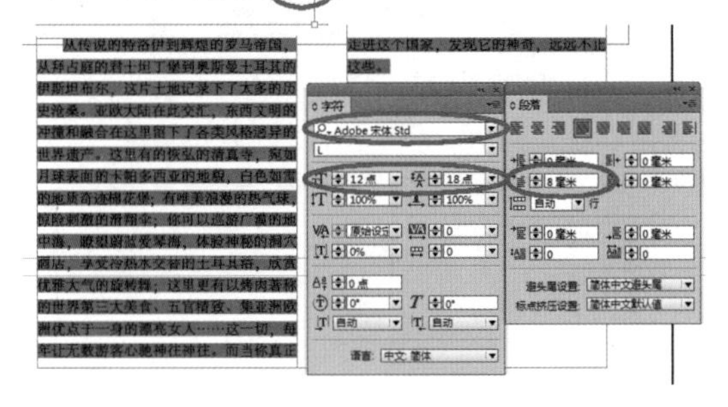

图 4-39 置入素材文章第一段，处理文本框溢流情况

口菜单—文本绕排面板，单击其中的“沿对象形状绕排”，并设置上边距为 5 毫米，绕排至“左侧和右侧”，参数和效果如图 4–41 所示。

⑨整体调整,完成文档 2 制作，效果如图 4–42 所示。

（5）制作文档 3

①文档 3 的制作和前面文档制作基本步骤相同。这里左右对页应用了不同的版式，页面 6 采用文章分栏形式，并为文本框添加填充颜色以从背景图案中突出文本；右面页面 7 未进行文本框分栏，在页面左侧刻意留出空白，这样既与上面图片相互关联，又给版面以空隙。添加的心形图形是用钢笔工具绘制的，同时在内部贴入素材中的文本，制造视觉焦点。多次使用文本绕排命令，使版面更加灵活生动。

②大家可参考文件夹中“文档 3—完成”文件版式自行制作。

③文档 3 最终完成效果如图

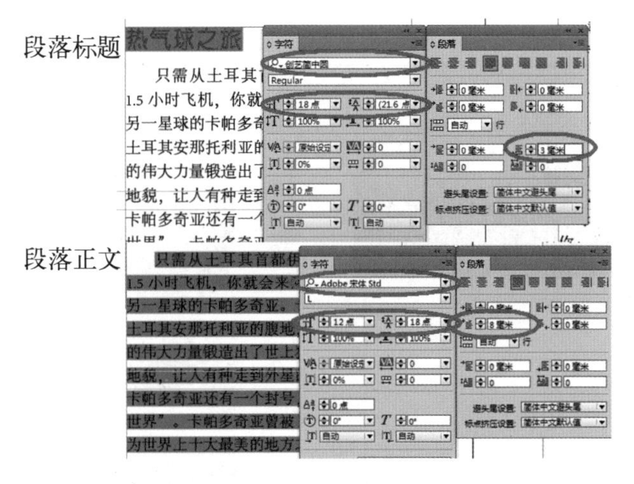

图 4–40 文章字符样式、段落样式和标题样式

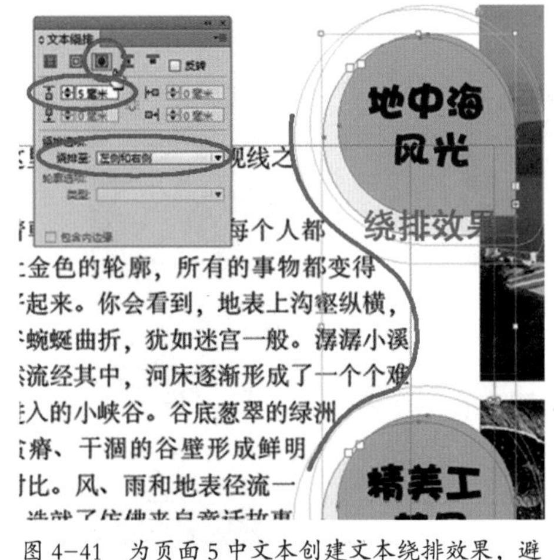

图 4–41 为页面 5 中文本创建文本绕排效果，避免文字图形干涉

4–43 所示。

（6）制作广告页和目录页

①制作广告页。制作步骤略，请读者参考最终制作效果文件，或自行设计制作。本例直接置入处理好的图片（图 4–44）。

②制作目录页。因为本例属于图片类杂志，目录页版面设计不用局限于文章样式，可自行设计制作。制作步骤略，请读者参考最终制作效果文件，或自行设计制作（图 4–45）。

3）创建书籍

（1）创建书籍

①在 InDesign 软件中，书籍文件是一个可以共享样式、色板、主页及其他项目的文档集。大家可以按顺序给编入书籍的文档中的页面编号、打印书籍中选定的文档或者将它们导出为

图 4–42　文档 2 最终版面效果

图 4–43　文档 3 最终版面效果

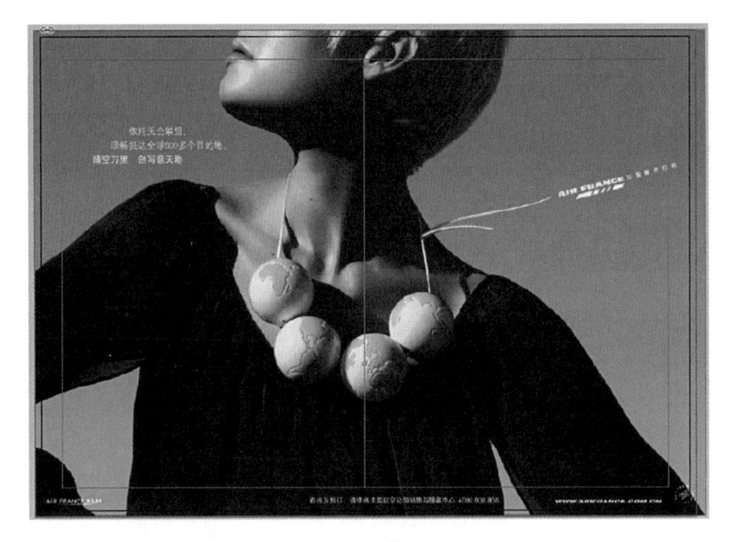

图 4-44 广告页最终版面效果

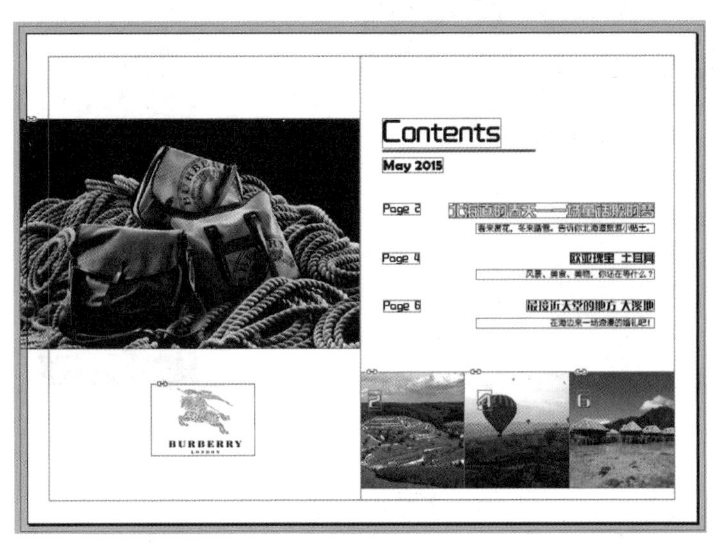

图 4-45 广告目录页最终版面效果

PDF 格式。这样以后在进行书籍编辑时，不用挨个去寻找这些文件，直接在书籍面板中单击文件名就可以打开文件。这里要将广告目录页、3 篇文档及广告页合并成一本杂志。

②具体步骤如下：

选择文件菜单—新建—书籍，命名为“杂志”，单击“保存”。将会出现“书籍”面板。存储的书籍文件扩展名为 .indb。在书籍面板中分别添加这几个文档，注意文档顺序。保存书籍文件即可。这里封面封底文件不放入其中。

（2）设置页码

在书籍面板菜单中执行书籍页码选项，在其中设置页码样式等（图 4-46）。

4）存储文件

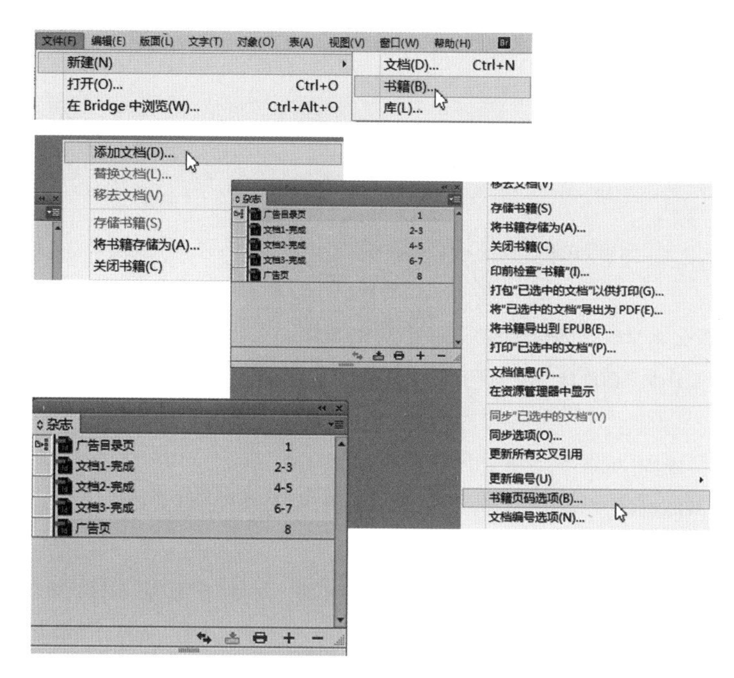

图 4-46 创建书籍文件并添加文档，设置页码

项目小结

通过本项目的学习，了解书籍特别是杂志的基本结构，了解杂志版式设计中的视觉要素与视觉规律对版式设计的要求，掌握长文本的编排方法，并按照制作实例掌握多页杂志的版式制作方法。

课后练习

1）封面版式设计练习。从你周围的同学中选取 3 位，设计一期杂志的封面，主题是这三人介绍及作品集，面向读者为你的同学，版面尺寸为 200 毫米 ×200 毫米，封面信息主要有杂志名称、作者、图片信息等。综合使用平面软件，完成版式制作。

2）设计及制作一份主题为某次艺术节的杂志，版面尺寸自定，页数自定（但至少包含两页展开的对页页面），要求有主题文章和及摄影图片（至少 5 幅图片），有杂志的基本结构，如封面、封底、目录页、内容页等。充分运用长文档排布方法、网格设计法等知识技能点，并以书籍形式打包输出。

参考文献

[1] （英）戴维·达博纳（Dabner D.）. 英国版式设计教程·高级版 [M]. 彭燕译 . 上海：上海人民美术出版社，2004.

[2] 达芙妮·肖著 . 设计的品格探索 × 呈现 × 进化的 InDesign 美学 [M]. 北京：人民邮电出版社，2010.

[3] Designing 编辑部 . 版式设计：日本平面设计师参考手册 [M]. 周燕华，郝微译 . 北京：人民邮电出版社，2011.

[4] （日）佐佐木刚士 . 版式设计原理 [M]. 武湛译 . 北京：中国青年出版社，2007.

[5] （美）罗宾·威廉斯（Robin Williams）. 写给大家看的 InDesign 设计书 [M]. 李庆庆，林小木译 . 北京：电子工业出版社，2003.

[6] （美）金伯利·伊拉姆（Elam K.）. 网格系统与版式设计 [M]. 王昊译 . 上海：上海人民美术出版社，2013.

[7] （美）蒂莫西·萨马拉（Timothy Samara）. 美国视觉设计学院用书：图形、色彩、文字、编排、网络设计参考书 [M]. 庞秀云译 . 南宁：广西美术出版社，2012.

[8] （美）麦克韦德（John McWade）. 超越平凡的平面设计：版式设计原理与应用 [M]. 侯景艳译 . 北京：人民邮电出版社，2010.

[9] （美）麦克韦德（John McWade）. 超越平凡的平面设计：怎样做好版式（第 2 卷）[M]. 冯志强译 . 北京：人民邮电出版社，2013.

[10] （日）伊达千代，（日）内藤孝彦 . 版面设计的原理 [M]. 周淳译 . 北京：中信出版社，2011.